心一堂金庸學研究叢書

金庸詩詞學系列

鹿鼎回目

潘國森 著

Śūnyatā

書名：鹿鼎回目
系列：心一堂・金庸學研究叢書・金庸詩詞學系列
作者：潘國森
主編：潘國森
責任編輯：鄺萬禾

出版：心一堂有限公司
地址／門市：香港九龍尖沙咀東麼地道六十三號好時中心LG 六十一室
電話號碼：+852-6715-0840
網址：www.sunyata.cc
電郵：sunyatabook@gmail.com
網上書店：http://book.sunyata.cc
網上論壇：http://bbs.sunyata.cc/

版次：二零一三年六月初版
平裝

定價：
港幣 八十八元正
人民幣 八十八元正
新台幣 兩百九十八元正

國際書號：ISBN 978-988-8058-97-6

香港及海外發行：利源書報社
地址：香港新界大埔汀麗路三十六號中華商務印刷大廈地下
電話號碼：+852-2381-8251
傳真號碼：+852-2397-1519

台灣發行：秀威資訊科技股份有限公司
地址：台灣台北市內湖區瑞光路七十六巷六十五號一樓
電話號碼：+886-2-2796-3638
傳真號碼：+886-2-2796-1377
網路書店：www.govbooks.com.tw
www.bodbooks.com.tw
經銷：易可數位行銷股份有限公司
地址：台灣新北市新店區寶橋路二三五巷六弄三號五樓
電話號碼：+886-2-8911-0825
傳真號碼：+886-2-8911-0801
email：book-info@ecorebooks.com
易可部落格：http://ecorebooks.pixnet.net/blog

中國大陸發行・零售：心一堂書店
深圳地址：中國深圳羅湖立新路六號東門博雅負一層零零八號
電話號碼：+86-755-8222-4934
北京地址：中國北京東城區雍和宮大街四十號
心一店淘寶網：http://sunyatacc.taobao.com

心一堂金庸學叢書總序

海寧查良鏞先生，學成後長期旅居香港，將名中的「鏞」字一拆為二，作為發表武俠小說時用的筆名。金庸小說讀者數以億計，毫無疑問，金庸定必名列二十世紀中國文壇偉大小說家之一。

金庸武俠小說，自上世紀五十年代中葉面世以後，風行海內外。凡有華人聚居處，必有人讀金庸小說，實不遜於宋代著名詞家柳永的「凡有井水處，即能歌柳詞」。

金庸武俠小說博大精深、包羅萬象，陳世驤先生評為：「意境有而復能深且高大，則惟須讀者自身之才學修養，始能隨而見之。」足見金庸小說之佳妙，可謂「仁者見仁，智者見智」。

本叢書秉承心一堂「弘揚傳統、繼往開來」的一貫宗旨，誠邀海內外精研「金庸學」的專家學者，刊行其一家之言的心得。俾能使中國現代文學研究的這一支異軍，發揚光大，引領年青讀者進入金庸小說世界的寶山中尋幽探勝，獲開卷之益，享讀書之樂。

南海潘國森謹識

二零一二年十月於香港

目錄

附錄：

序

二零零零年，臺灣遠流出版社「遠流雙姝」之一問我，能不能在遠流公司架設的「金庸茶館網站」開闢一個專欄，談談金庸小說裡面出現過的詩詞。我在之前幾年大言不慚地自封「二十世紀金庸小說研究天下第二」，雖然不代表我應要在金庸小說研究領域裡面每一個環節都有天下數一數二的高明見解，但是對於金庸小說的任何話題，總不能說自己完全不懂而不予置評。凡是不特別冷門的相關事情，一旦有誰問起，都總得要有個尚算「體面」的意見，才不致於辱沒了我自掛的招牌。

好在那個時候互聯網已逐漸流行，要找出金庸小說裡面人物念誦過、或者作者引用過的詩詞已很方便。知道了出處來歷，做文章就容易了。我尤其要應該感謝一位署名「大老爺們兒」的網友，此公在網上發表了《金庸小說中的詩詞溯源》一文，介紹了泰半在金庸小說中出現過的詩詞。

我原本打算出版「解析金庸」系列，但是在千禧年之前出版了《解析金庸小說》、《解析射鵰英雄傳》和《解析笑傲江湖》之後，計劃就無限期擱置了。現在機緣巧合，可以將過去介紹《鹿鼎記》回目聯句的文章整理修訂，與讀者見面，算是《解析鹿鼎記》的替代品吧。

九州宇內，將「老查詩人」查慎行的詩，讀得比我熟的老師宿儒車載斗量，但相信當中沒幾人如我這樣精研《鹿鼎記》；而《鹿鼎記》讀得比我熟的讀者更多，相信亦鮮有誰比我更了解這部小說的回目聯句，而即使有，我也是第一個寫成評論推介的文字。

所以，現在自稱是海內外第一個真正懂得欣賞《鹿鼎記》回目的讀者，亦不為過。而身為《鹿鼎記》讀者而不懂得欣賞回目聯句，終究不能算是個合格的讀者。

金庸小說是中國傳統章回小說的一大結穴。別的不說，光是回目聯句、尤其是《鹿鼎記》的回目聯句，在中國小說史發展到今天為止，仍是「華山論劍」中力壓群雄的魁首！

「老查詩人」查慎行與「小查詩人」查良鏞隔代合作，是第一流的小說作家請祖上第一流的詩人撰回目聯句（若按「小查詩人」的謙退說法，「老查」是一流尾、二流頭）。為數千年中國文學史創造別開生面的一則美談。

值得大書特書！

《古詩十九首．西北有高樓》有云：「不惜歌者苦，但傷知音稀。」希望本書能夠從其中一個側面，讓廣大讀者明白，為甚麼金庸小說應該擁有現在的榮譽，為甚麼在中國文學史上獲得現在已公認的地位。

本書這一系列文章大概寫在二零零六年以前，有些在見過新三版之前發表、有些則在之後，現在一仍原貌。

有甚麼補充都附在文後，為增添興趣，主要附加一些小玄子時代的典章制度。反正小查詩人下筆經常煞有介事，那就稍為認真一下。

是為序。

潘國森

二零一三年二月

按：

「遠流雙姝」是我杜撰，指遠流出版社兩位曾經負責處理金庸小說出版事宜的漂亮編輯姊姊。

「老查」原是宮中內侍對查慎行的稱呼，因為「老查」與族子查昇同時擔任清聖祖的文學侍從，要識別兩個「查翰林」，查慎行的行輩較高，自然是「老查」了。

「小查詩人」是我近年為金庸起的別稱，重點在於評價金庸是個合格的詩人，雖則他的詩跟老祖宗相去甚遠。祖上是「老查」，後代子孫，當然只能是「小查」了。

《鹿鼎記》回目與《敬業堂詩集》

金庸在修訂版《鹿鼎記》第一回之後，講解了他選用老祖宗詩集中聯句做回目的過程，這裡不贅述了。近世海寧查家人材輩出，但是一部中國文學史當中能夠勉強與金庸相提並論的，相信就只有查慎行一人。至於後世還有沒有，則我們當中大部份人都沒有這麼長命去見證。

金庸說這樣做「也有替自己祖先宣揚一下的私意」，這種私意很好，就是《論語》說的「慎終追遠，民德歸厚」那一套。

查慎行（一六五零——一七二八），生於清世祖（小玄子的老爸）順治七年，卒於清世宗（小玄子的兒子）雍正六年，卒年七十有九。他的《敬業堂詩集》是個總集，內含五十三個小的詩集，每個小詩集依寫作年份次序編排，集名一般以當時所做何事或所居何處命名。

先前原本沒有打算討論《鹿鼎記》的回目聯句，畢竟這些詩句比其他金庸小說的回目用典深得多。但是敲定了這個「詩詞金庸」的欄目之後，想到若不談這些查慎行的詩是個大缺失，未免對不起這塊招牌，只好硬著頭皮試試看。就在二零零零年十月底，赴北京參加「二零零零年北京金庸小說國際研討會」前用了兩個通宵高速檢索出《鹿鼎記》回目的五十一聯七言句。

為甚麼是五十一？

那是金庸擺了烏龍，第四十回鬧出了雙胞事件！目錄用了「眼中識字如君少，老去知音較昔難」，上句是說韋小寶不識字，吳之榮給他讀詩實在對牛彈琴；下句則不甚對頭。正文中卻是「待兔祇疑株可守，求魚方悔木難緣」，則切題得多。韋小寶想守株待兔，但是天下間那有這種奇緣？一兔撞樹是好運氣，豈能奢望還有第二頭兔子？吳之榮卻是緣木求魚，後悔莫及了。

金庸說「選五十聯七言句來標題每一回的故事內容，倒也不大容易」。嘿嘿，豈有此理，又在欺矇我們無知讀者。好在鄺萬禾兄概贈我幾套珍貴的舊版金庸小說，當中就有《鹿鼎記》。略翻一下才知道金庸的確聰明機變，找不到合適的回目，便改動內容來遷就聯句。第四回的「無跡可尋羚挂角，忘機相對鶴梳翎」就是在修訂時加磚添瓦之後才合用，金庸給小桂子多學了「羚羊挂角」和「仙鶴梳翎」兩招！

不過話分兩頭，金庸總是喜歡向難度挑戰，他說：「……這裡所用的方法，不是像一般集句那樣從不同詩篇中選錄單句，甚至是從不同作者的詩中選集單句，而是選一個人詩作的整個聯句。」這種做法，不知道算不算是破天荒呢？

首先，你得要會寫小說，還要有個詩做得好的祖先，然後又要以這個寫詩祖先活著的時代做小說的背景。看來該是真真正正的「古往今來，空前絕後」！

在香港，有許多人批評金庸小說研究是「拍馬屁」。拍馬屁也不錯啊，要拍得受者舒服，倒是一門高深學問。我往後箋注這些回目聯句，給查大俠的「私意」好好粉飾，這一手馬屁功該算是在金學研究的領域裡面的天下第一吧！

老查、小玄子、小桂子綜合年譜（嬉笑版）

為增添讀者朋友讀《鹿鼎記》時的情趣，特編此年表，主要介紹小說部份時代背景。

大清子民，原本不夠資格跟皇上平起平坐，但是現在已是沒有帝制的共和時代，就按「長幼有序」的原則排名。

大家關心的是《鹿鼎記》，查慎行（一六五零——一七二八）沒有在書中出過場，只曾有歌姬唱他的詩，但他是作者的尊長，又為小說「撰」了回目，所以「年譜」以他為中心。

愛新覺羅玄燁（一六五四——一七二三），是中國有史以來在位時間最長的皇帝，他的年號康熙共有六十一年，民間多以康熙這個年號作為對他的代稱。原本他的孫兒弘曆在位年期更長，但乖孫不敢做皇帝做得長過爺爺，乾隆這個年號只用了六十年，便傳位嘉慶帝，改任太上皇，仍掌實權，直至嘉慶四年才「唱完戲」。

韋小寶（一六五六——？），他其實是「小查詩人」筆下虛構的人物，因為聽聞有讀者以為歷史上真有其人，本書作者唯有在此畫蛇添足。

以下為年譜，只列「老查」年歲，「小玄子」、「小桂子」師徒的年歲，讀者可以減四、減六得之。

清世祖順治七年庚寅（一六五零），「老查」一歲。

「老查」出生，名嗣璉，字夏重。父名崧繼。

族子查昇同年生，昇字仲偉，號聲山。叔姪同年生，廣府話俗語稱為「老姪嫩叔」。

攝政皇多爾袞的戲唱完了，享年三十九。他是「順治老皇爺」的叔父，在《碧血劍》出過場。「戲唱完了」這個形容詞，是拾「小桂子」的牙後慧，下同。

真正吳六奇是年降清，時為明總兵。率領政府軍投降異族，升官發財，按後世的說法，算是個「漢奸」。

平南王尚可喜攻陷廣州，吳六奇當時受尚可喜節制。

八年辛卯（一六五一），二歲。

「順治老皇爺」親政，時年十四。

九年壬辰（一六五二）三歲。

「老查」二弟嗣瑮生，字德尹，號查浦。嗣瑮詩名與兄齊，時人稱兄弟為「二查」。（潘按：「二查」之稱可能是「老查」奉召入南書房之前的事，「老查」成名之後，老二的詩名自然難以相比。）

定南王孔有德的戲唱完了，在廣西桂林兵敗自殺。他沒有在金庸小說正式出過場，只在《鹿鼎記》被人提起。

十一年甲午（一六五四），「小玄子」一歲。

「老查」入小學。

是年「小玄子」出生，少「老查」四歲。母佟氏，外公佟圖賴本是漢人，後改滿洲姓佟佳氏。佟圖賴的長子佟國綱在《鹿鼎記》出過場，還跟「小桂子」賭過錢。

十三年丙申（一六五六），「老查」七歲，「小玄子」三歲，「假小桂子」一歲。

「假小桂子」韋小寶生，隨母韋春芳姓，名小寶。少「老查」六歲。生父不詳，按《鹿鼎記》最後一回漢、滿、蒙、回、藏都有可能，漢人血統少至一半，多則全數。

據書末一品誥命夫人韋春芳回憶，她老人家接過的回客、藏客是少得可以記住五官的。韋公爺時代的揚州府，與江寧府（今南京）隔長江相對。「順治老皇爺」時代在江南（指今天江蘇、安徽兩省）置「總管」，「小玄子」時代改為江寧將軍，轄下有兩名副都統，他們是當地旗營的最高級指揮官。

韋老夫人對三族恩客的「粗略統計」是：「漢人自然有，滿洲官也有，還有蒙古的武官呢。」由此推斷，「自然有」最多，應當過半以上，有可能高達七成，甚至九成；「也有」已經差了一大截，最多兩三成；「還有」就更少了。除非得到韋公爺的遺骸抽取「脫氧核醣核酸」化驗，按現有證據，可以認為公爺血統「全漢」居多，亦不能排除是「滿漢」，「蒙漢」概率已低，「回漢」、「藏漢」則宜歸類為「低概率事件」（low probability event）。

十七年庚子（一六六零），「老查」年十一、「小玄子」減四歲、「假小桂子」再減兩歲，下同。

董鄂妃的戲唱完了。「小桂子」的丈母娘假太后毛東珠罵她是「狐媚子」。

十八年辛丑（一六六一），年十二。

正史說「順治老皇爺」的戲唱完了，官方講的死因是天花。「小玄子」繼位，史書的說法是因為「順治老皇爺」諸子之中，唯有他已發天花。

「小查詩人」說「順治老皇爺」到五台山做和尚。

清聖祖康熙元年壬寅（一六六二），年十三。

改元康熙。

「國姓爺」鄭成功率部登陸台灣，《鹿鼎記》第四十六回由林興珠、洪朝客串說書先生，向「小桂子」介紹經過。鄭成功（一六二四——一六六二）的戲也唱完了，卒年三十九。

二年癸卯（一六六三），年十四。

莊廷鑨明史案正式結案，《鹿鼎記》第一回介紹此案始末。

三年甲辰（一六六四），年十五。

「老查」三弟嗣庭生，字潤木，號橫浦。

四年乙巳（一六六五），年十六

「老查」四弟謹生，字濬安。過繼親叔父的一支。

真正吳六奇（一六零七——一六六五）的戲唱完了，享年五十九。「小查詩人」讓他多活了近十年。

六年丁未（一六六七），年十八。

「老查」娶陸嘉淑第三女，陸氏少「老查」一歲。二人在襁褓中已訂親。

七年戊申（一六六八），年十九。

「老查」長子克建出生。（一索得男，效率奇高！）

八年己酉（一六六九），年二十。

鰲拜的戲唱完了，「小玄子」親政。《鹿鼎記》第二回以下，即在此年發生。

九年庚戌（一六七零），年二十一。

真正鄭克塽出生，少「小桂子」十四歲！「小查詩人」給他添了近二十歲！

十二年癸丑（一六七三），年二十四。

吳三桂反，「小桂子」隱居通吃島，《鹿鼎記》第四十回以下，即在此年。

十四年乙卯（一六七五），年二十六

「小玄子」處死吳應熊。「小查詩人」讓他早死兩年。

十五年丙辰（一六七六），年二十七

瑪祜（滿人，姓哲柏氏）的戲唱完了。他是巡撫「馬佑」的原型，「韋王簪花宴」是馬佑擬的名，卻沒有拜相的福份。

查繼佐（一六零一——一六七六）的戲唱完了，卒年七十六。他等不到參演《鹿鼎記》第五十回。

十六年丁巳（一六七七），年二十八。

「老查」次子克承出生。

十七年戊午（一六七八），年二十九。

「老查」父崧繼逝世。

真正吳三桂的戲唱完了。先稱帝，不久病死。孫世璠繼位，世璠為應熊之子。

十八年己未（一六七九），年三十。

「老查」入楊雍建幕府，楊字以齋，時任貴州巡撫，十九年庚申（一六八零），年三十一。

真正陳近南的戲唱完了，真正鄭克塽才十歲。「小查」讓陳總舵主早死幾年，「小桂子」到通吃島不久，陳總舵主就死在鄭克塽劍底。

二十年辛酉（一六八一），年三十二。

趙良棟趙二哥領綠營兵攻陷昆明，吳世璠死，三藩亂平。

「撫遠大將軍」圖海的戲唱完了。

「小桂子」的丈母娘陳圓圓陳姑娘下落不明，按理當為「小桂子」拜把子哥哥百勝美刀王胡逸之陪伴守護隱居，日唱《圓圓曲》、夜詠「方方歌」。

二十一年壬戌（一六八二），年三十三。

「老查」從學於餘姚黃宗羲，黃號梨洲，《明夷待訪錄》的作者。老黃在《鹿鼎記》中亦有相當戲份。

歷史上俄羅斯伊凡五世與彼得一世兩個小沙皇同時在位，蘇菲亞任攝政王在這年才發生。「小查」將此事提前到吳三桂舉事之前。

鄭經的戲唱完了。他是國姓爺的兒子，小桂子情敵鄭克塽的父親，沒有正式在《鹿鼎記》露過面。

顧炎武（一六一三——一六八二）的戲唱完了，卒年七十。他等不及參演《鹿鼎記》第五十回。

「小桂子」仍在通吃島釣魚。

二十二年癸亥（一六八三），年三十四。

「老查」入族父查培繼幕府，培繼時任按察副使，出巡江西饒九南道。

「小玄子」平台灣，鄭克塽投降。不久「小桂子」到臺灣搜刮民脂民膏。

呂留良（一六二九——一六八三）的戲唱完了，卒年五十五。他等不及參演《鹿鼎記》第五十回。

二十三年甲子（一六八四），年三十五。

張勇張大哥的戲唱完了。

二十四年乙丑（一六八五），年三十六。

王進寶王三哥的戲唱完了。

中俄雅克薩之戰，「小查」寫為《鹿鼎記》第四十七回，讓「小桂子」奪了薩布素、彭春的軍功。

二十五年丙寅（一六八六），年三十七。

「老查」在北京明珠家中任教席，做明珠子揆敘的老師。

二十六年丁卯（一六八七），年三十八。

孝莊后（一六一三——一六八八）的戲唱完了，卒年七十五。她是「小玄子」的祖母，沒有在《鹿鼎記》正式出過場，只是人在轎中，在《碧血劍》則有。她在一六八八年初駕崩，但未過農曆年，仍在丁卯。

二十七年戊辰（一六八八），年三十九。

「老查」岳父陸嘉淑在北京患病，送岳父回鄉。

是年族兄嗣韓中一甲二名進士（即榜眼），即授翰林院編修（正七品）；族子查昇中二甲二名進士，選翰林院庶吉士，散館授編修。為「一門七進士，叔姪五翰林」的首二人。

二十八年己巳（一六八九），年四十。

「老查」岳父陸嘉淑逝世，回北京。

「小玄子」的表妹老婆佟氏逝世，表妹是媽媽的姪女，「小玄子」的第三位皇后。

「老查」在「國恤」期間，跟洪昇一起觀看伶人演洪昇寫的《長生殿》。洪昇被參觸犯「大不敬」罪，「小玄子」從輕發落，革去洪昇的國子監監生學籍，發回家鄉。「老查」受牽連（諒亦被革學籍），於是改名慎行、字悔餘。按武俠小說的常用語法，「世上再沒有查嗣璉這一號人物了」！

俄羅斯彼得一世親政，真正的蘇菲亞入住修道院。中俄正式簽訂《尼布楚條約》，「小查」寫為《鹿鼎記》四十八回，讓「小桂子」奪了索額圖索大哥的功，《鹿鼎記》隨即散場。

二十九年庚午（一六九零），年四十一。

「老查」離京，此後是「查慎行」。

三十年辛未（一六九一），年四十二。

「老查」幼子克念出生。長孫恂同年出生，克建之子。父子同添丁。

三十二年癸酉（一六九三），年四十四

「老查」與長子克建同中舉。俗謂「父子同科」。一同中進士亦屬「同科」，比同中舉人更難得。

三十四年乙亥（一六九五），年四十六。

「老查」再添孫昌祈，亦克建之子。

黃梨洲（一六一零——一六九五）的戲唱完了，卒年八十六。名宗羲，字太沖，梨洲為其號。

三十五年丙子（一六九六），年四十七。

慕天顏的戲唱完了，雖然他有份參加「韋王簪花宴」，最終未能拜相。

三十六年丁丑（一六九七），年四十八。

「老查」長子克建中進士，但未能點翰林。查門第三位進士。

「小桂子」拜把子二哥噶爾丹（一六四四——一六九七）的戲唱完了，享年五十四。

康親王傑書（？——一六九七）的戲唱完了，他也做過「撫遠大將軍」。

三十七年戊寅（一六九八），年四十九。

趙良棟趙二哥的戲唱完了。

三十八年己卯（一六九九），年五十。

「老查」二弟嗣瑮中舉。

「老查」妻陸氏卒。

三十九年庚辰（一七零零），年五十一。

「老查」二弟嗣瑮中進士，查門第三位翰林，第四位進士。中舉後下一年中進士，謂之「聯捷」。因為鄉試（考舉人）在秋天，會試、殿試在春天，凡聯捷都是半年間由秀才搖身一變為進士。

孫思克孫四哥的戲唱完了。

四十一年壬午（一七零二），年五十三。

「老查」長子克建任直隸東鹿縣知縣，「老查」到縣署享兒福。

「老查」時來運到，「小玄子」召試南書房，「龍顏大悅」，命「老查」與汪灝，同查昇「每日進南書房辦事」。舊例由翰林官輪班當值，此時指定數人每天都面聖，十分尊榮。

四十二年癸未（一七零三），年五十四。

「老查」中二甲第二名進士，授翰林院庶吉士，特免教習。族弟嗣珣同科進士，二人為查門第五、六位進士。「老查」為第四位翰林。庶吉士原須受教習三年，「老查」奉旨不必上學。因為「老查」舊日學生揆敘時任翰林院掌院學士，為避免老師、學生的身份掉轉，按舊例豁免。

「小玄子」幸避暑山莊，南書房翰林七人隨行，姪查昇時任諭德，官位居首。因為同時有兩位「查翰林」，內侍便稱慎行為「老查」。詹事府諭德一職，在乾隆初年廢置，故一般教科書不載此官職。

「小玄子」命左右以「煙波釣徒查翰林」稱「老查」，以別於查昇這另一個「查翰林」。

索額圖索大哥（一六三六——一七零三）的戲唱完了，享年六十八。「小玄子」將他「鬥垮鬥臭」，還說：「索額圖誠本朝第一罪人也。」

四十三年甲申（一七零四），年五十五。

「老查」特授編修，舊制，庶吉士教習三年，散館才授官職，此為特恩。

真正建寧公主（一六四一——一七零四）的戲唱完了，她比「小玄子」年長十四歲！是小玄子的姑姑，順治老皇爺的妹妹，皇太極第十四女，不是小玄子的妹妹。

直正「鄂羅斯蘇飛霞固倫長公主」（一六五七——一七零四）的戲唱完了，享年四十八，她本人其實比「中國小孩子大官」年輕一歲。

四十四年乙酉（一七零五），年五十六。

「老查」三弟嗣庭中舉。

「小桂子」的拜把子大哥桑結喇嘛的戲唱完了，桑結嘉錯（一六五三——一七零五），享年五十三。

桑結大哥其實比噶爾丹二哥少九歲！

四十五年丙戌（一七零六），年五十七。

「老查」三弟嗣庭中進士，授翰林院庶吉士。與嗣瑮同為聯捷。查門第七位進士、第五位翰林。

四十六年丁亥（一七零七），年五十八。

「老查」族子查昇逝世，官至詹事府少詹事（正四品）。

四十七年戊子（一七零八），年五十九。

明珠（一六三五——一七零八）的戲唱完了，享年七十四

五十年辛卯（一七一一），年六十二。

孫昌禧生，克承之子。

五十一年壬辰（一七一二），年六十三。

孫岐昌生，克念之子。

五十二年癸巳，（一七一三），年六十四。

「老查」自翰林院申請退休。

二弟嗣瑮由編修升為侍講（從五品）。

三弟嗣庭之子克紹中舉人。

五十三年甲午（一七一四），年六十五。

四弟謹中舉。

五十四年乙未（一七一五），年六十六。

「老查」長子克建在北京逝世。時任郎中（正五品），將出為陝西鳳翔府知府（從四品），未赴任而卒，年四十八。孫昌禴出生，克承之子。

五十六年丁酉（一七一七），年六十八。

真正鄭克塽的戲唱完了，卒年四十八。

「小玄子」嫡母太皇太后博爾濟吉特氏（一六四一——一七一八）的戲唱完了，享年七十七。駕崩時未過農曆年，仍在丁酉年。她即是《鹿鼎記》中的真太后，「小查」安排她給毛東珠禁錮在坤寧宮。

六十年辛丑（一七二一），年七十二。

曾孫弈麟出生，孫恂之子，克建之孫。

六十一年壬寅（一七二二），年七十三。

「小玄子」的戲唱完了，皇四子胤禛繼位。

雍正元年癸卯（一七二三），年七十四。

三弟嗣庭由翰林院編修陞內閣學士（從二品），例兼禮部侍郎銜。

二年甲辰（一七二四），年七十五。

幼子克念及三弟嗣庭之子克上同中舉人。

四年丙午（一七二六），年七十七。

曾孫奕曾出生，昌祈之子，克建之孫。

三弟嗣庭由內閣學士升禮部侍郎（正二品），旋以「訕謗罪」削職逮問。

「老查」以「家長失教」，牽連入獄。嗣庭時年已六十有三！還要家長教嗎？

四弟謹以出繼別支，免罪。

五年丁未（一七二七），年七十八。

三弟嗣庭及其第三子克上同在獄中逝世，克上妻母皆自殺殉夫。

「老查」與幼子克念獲赦回鄉。其餘家人仍被囚。

「老查」在家逝世。

日後二弟嗣瑮卒於戍所，未得還鄉，卒年八十二。

四弟謹歷任開化教諭（正八品），卒年九十。

第一回：縱橫鉤黨清流禍，峭蒨風期月旦評

（一）聯意

金庸借上句說清康熙初年「明史」一案，下句詠書中人物評論當世英雄。查繼佐以「海內奇男子」五字贈與潦倒落拓的吳六奇，又略及《聊齋誌異》中「大力將軍」的故事。另外，書中江湖人物稱譽天地會總舵主：「平生不識陳近南，就稱英雄也枉然！」這兩句話就得罪了華山派的前輩耆宿歸二娘（見第四十一回），這個愚昧婦人說道：

曾聽人說：「平生不識陳近南，就稱英雄也枉然。」當尊駕尚未出世之時，我夫婦已然縱橫天下。如此說來，定要等尊駕出世之後，我們才稱得英雄。嘿嘿，可笑啊可笑。

這一回，主要描寫「明史」一案，和查繼佐、吳六奇兩人之間的交往，最後以陳近南出場作結。

（二）上聯淺釋

上聯是「縱橫鉤黨清流禍」。

自南而北曰「縱」，自東而西曰「橫」。縱線曰經，橫線曰緯，縱橫即有絲線縱橫，交織成網之意。

橫直交錯，引伸為馳騁、奔放，如「縱橫四海」、「縱橫天下」之類，那是良性的，所以歸二娘自稱在陳近南還未出生之前，早已「縱橫天下」。縱橫如作惡性的引伸，也可以解作如「橫行無忌」那一類的惡行。

縱與從通，橫與衡通。縱橫、從橫、從衡等皆相通，即合縱連橫，春秋戰國時九流十家之中的縱橫家。「合縱」是連合南北，蘇秦（？——公元前三一七）遊說齊、楚、燕、韓、趙、魏六國，連合對抗西方新崛起的強國秦國，後來佩六國相印，為縱約（合縱之約）之長，後來縱約破，轉為齊國客卿，被刺身亡。「連橫」是連結東西，張儀（？——公元前三零九）以連橫之策遊說六國背縱約，連合事秦。後來六國以張儀失勢，恐怕他不為秦廷所用，又重新合縱抗秦，事在蘇秦死後，不久張儀相魏，一年後卒。

蘇秦張儀皆師事鬼谷子，分屬同門師兄弟，二人並無甚麼政治上的抱負，只是舌辯之士，靠一張嘴遊說諸侯，博取名位利祿。縱橫家的「縱橫」無非是那些在各國出仕的客卿以左右國君外交路線為務，並互結成一張勢力網，以期保存自身的祿位。《漢書．藝文志．諸子略》云：

> 從橫家者流，蓋出於行人之官。孔子曰：「誦詩三百，使於四方，不能顓對，雖多亦奚以為？」又曰：「使乎，使乎！」言其當權事制宜，受命而不受辭，此其所長也。及邪人為之，則上詐諼而棄其信。

行人之官是古時的使者，約相當於今時今日的外交官。《論語．季氏》：「不學詩，無以言。」行人、外交官靠嘴巴吃飯，所以要多誦詩，還要懂得應對。「權事」，是權衡事態。「制宜」，是制定機宜。「受命不受辭」是指外交官從領導得到整體策略方向，但在實際施展的層面，就要靠自己發揮。「邪人」任行人之官，當然很容易變成對君上用欺而對敵國用詐。

「從橫家」的技倆，在官場上卻十分管用。

「鉤黨」指牽連，中國歷史上的黨爭，大多發展為意氣之爭，對政局造成嚴重影響，如東漢末黨錮之禍、唐宋明三代的黨爭等等。「合縱連橫」，是為結黨者難免的「基本動作」。漢字這一個「黨」字，多用作貶義，與現代西方「政黨政治」中的「政黨」大異其趣，西方「政黨」理論上當然要依著法律明爭。一位某黨黨員，對筆者開玩笑言道：「這個黨字很有意思，它是一個小小的蓋子，蓋著一個小範圍，內裡是一大堆黑！」如果將一個「黨」字拆開，又恰好是「尚黑」兩字！

中國傳統政治思想不喜歡結黨，如「黨同伐異」就不是好的用詞，指與意見相同的人結黨，攻擊異己。不結黨的背後精神是為了做官的各有職守，盡其本份就是了，無需要聯盟結黨，以增聲勢。這與現代西方共和政體中的政黨輪替執政不同，他們要忠於政黨，而中國士大夫只需盡忠職守（廣義的忠），不必是盡忠於君（狹義的忠）。所以有些時候，古人是不奉「亂命」的，如鄭成功欲殺鄭經，廈門守將不從，就氣死了鄭成功。當然在政局不清明的時候，正人君子互通聲氣、議論時事則又當別論。

《論語．子路》：「子曰：『君子和而不同，小人同而不和。』」又《論語．衛靈公》：「子曰：『君子矜而不爭，群而不黨。』」就是這個意思。《笑傲江湖》的「君子劍」岳不群不單止「不黨」，甚且「不群」，難怪他是偽君子。

「清流」是清澈的流水，喻指負有時望的士大夫，與「濁流」相對，濁流比喻人的品格卑污。流品一詞，原指門第與社會地位。告子說：「性，猶湍水也。」（見《孟子．告子上》）故前人喜以水比喻人品。「濁涇清渭」、「涇渭分明」，都是形容人品或是非的黑白清清楚楚。全句是說：「清流受鉤黨牽連之禍，身陷羅網之中。」

（三）下聯淺釋

下聯是「峭蒨風期月旦評」。

「峭蒨」形容人的品格孤直高尚。峭從山，原本用作形容山勢陡直，如峭壁。蒨從草，即茜草，形容草盛貌。峭蒨，就是性格嚴重之人，組成的清流陣容壯盛。

「風期」是作風、期望。

「月旦評」是東漢末許劭（一五零——一九五）的典故，每月初一為月旦，月旦評，就是每月初一評論時人。旦字是象形，下面一劃是大地，大地之上有一日，就是早晨的意思。劭字子將，曹操（一五五——二二零）年輕時曾找他品評，他說曹操：「子治世之能臣，亂世之奸雄。」喜歡玩三國電子遊戲的朋友一定知道這個許子將。

「月旦」就是品評人物。《後漢書．許劭傳》：「初，劭與靖俱有高名，好共覈論鄉黨人物，每月輒更其品題，故汝南俗有『月旦評』焉。」許靖（？——二二二，壽逾七十），字文休，是許劭的從兄，後來在蜀國做了司徒。《三國志．許靖傳》稱二人「私情不協」。

「海內奇男子」和「平生不識陳近南，就稱英雄也枉然」這些評語就是月旦人物。

我在拙作《話說金庸》有一段〈泡茶月旦評〉，就是用這個典故，現在回想，當時實在口氣太大了，很有「悔其少作」之意。

（四）原詩背景

這兩句聯句出自查慎行《西江集》，詩名甚長，斷句看來該是：「黃晦木先生從魏青城憲副乞買山資，將卜居河渚，有詩十章志喜，邀余同作，欣然次韻亦如先生之數。」

《西江集》收錄查慎行在康熙二十二年癸亥（一六八三）十月至二十三年甲子（一六八四）三月之間半年內的詩，當時在他族父江西按察副使查培繼幕中，培繼以按察副使出巡江西饒九南道，這詩在癸亥年所寫。

憲副是對按察副使的敬稱，因為按察使又稱「憲台」，魏青城和查培繼的官職同級。一般中國歷史教科書都不說清代有按察副使這個官銜，一省的布政、按察之下，便是道員。實情是教科書講的清代官制，是乾隆中葉以後定型的官制，需知一朝數百年，官制中的官銜、員額、品秩不可能一成不變。《清史稿·職官志》：「布、按二司置正、副官。尋改置布政使左、右參議，是為守道；按察使副使、僉事，是為巡道。」按察副使的職銜到乾隆年間才罷，以後改為道員。因此《鹿鼎記》第三十九回寫韋小寶衣錦還鄉，要將欽差大人的行轅設在「淮揚道道台轅門」，也可以算是個小錯誤。後來韋小寶想住在禪智寺，還是這個道員勸住了。

《卜居》是楚辭的篇名，相傳是屈原所作，以占卜選擇居所，後世以「卜居」泛指選定居所。「山資」是買山地的費用。黃晦木向官拜按察副使的魏青城求取一份退休金，在河邊買地歸隱養老，寫了十首詩志喜，邀請查慎行相和，查慎行也寫了十首，並用黃晦木的原韻。

（五）原詩

現在講講查慎行的原詩：

覆巢事過儼他生，回首風波噩夢驚。
碩果兩朝誰鬥健，白頭一意自孤行。
縱橫鈎黨清流禍，峭蒨風期月旦評。
幾為借柯憐病鶴，羽毛如雪照人明。

「覆巢之下無完卵」的典，見《世說新語．言語》所載孔融（一五三——二零八）父子的事。《世說新語》頭四卷就以「孔門四科」名命，即德行、言語、政事、文學（見《論語．先進》）。

曹操在建安十三年南征劉表之前，借故族誅孔融。孔融是孔子後人，名重天下，被收監後朝野為之震動。被捕時孔融問使者可不可以自己一人獲罪，不及於兩個兒子。他兩個兒子一個九歲，一個八歲，其中一人說道：「大人，豈見覆巢之下復有完卵乎？」「覆巢」就是鳥巢反轉了，巢中未孵的鳥卵通常都要碰爛。家都抄了，未孵成幼雛的鳥卵也不能倖免。

說到中國的文字獄，一般人只會聯想到明清兩代多有，其實以言入罪自古早有，孔融便是一例。據《後漢書．孔融傳》所載，孔融曾有言：「父之於子，當有何親？論其本意，實為情欲發耳。子之於母，亦復奚為？譬如寄物缶中，出則離矣。」曹操以孔融「亂俗」、「違反天道，敗倫亂理」而族誅之。所為族誅，就是全族皆誅。

這兩個小朋友天資甚佳，《世說新語．言語》有另一則記載。先前二人一個六歲、一個五歲時，趁著孔融午睡，便偷父親的酒喝：

> 「晝日父眠，小者床頭盜酒飲之。大兒謂曰：『何以不拜？』答曰：『偷，那得行禮！』」

金庸寫明史一案：

> 前禮部侍郎李令皙為該書作序，凌遲處死，四子處斬。李令皙的幼子剛滿十六歲，法司見殺得人多，心腸軟了，命他減供一歲，按照清律，十五歲以下者得免死充軍。那少年道：「我爹爹哥哥都死了，我也不願獨生。」終於不肯易供，一併處斬。

對十六歲的少年尚且可以網開一面，比之八九歲的幼童也不肯放過，可見清朝的文字獄，比曹操的「言語獄」還「文明」了些。

覆巢事過而僥倖不死，當然是儼然他生了。大難不死，仍必留下一場噩夢，卻不知黃晦木遇過甚麼事。黃晦木周旋於官場鬥爭之中，人在江湖，身不由己，最後碩果僅存，無人可以鬥健。經歷風波噩夢，終見白頭，得免於清流之禍，仍是被折騰得如一病鶴。鶴的形象高雅脫俗，「羽毛如雪照人明」一句，又與「清流」與「峭蒨」相呼應。

柯是斧柄，《笑傲江湖》引王質《爛柯譜》故事時有介紹，古人以「斧」為「資」，見《易．旅》：「九四，旅于處，得其資斧，我心不快。」黃晦木在官場打滾，最後向魏青城乞得山資，心裡該是很愉快，查慎行也就為這個朋友次韻贈與。

後記：

這篇文章寫了三千餘字，後來「遠流雙姝」之一對我說，這樣的寫法對讀者來說怕會太長了些。我「從善如流」，以後各回就換了另一個格式。

又，據「金庸商管學」(JBA)先驅歐懷琳大師指教，黃晦木極可能就是黃宗羲之弟黃宗炎(一六一六——一六八六)。黃宗羲、宗炎、宗會三兄弟，世稱「浙東三黃」。「老查」是黃宗羲的學生，可以敬稱他為「師叔」。

國森記

資料補充：

瓜管帶

第一回真正出場的歹角是「前鋒營的瓜管帶」。我在〈前鋒營並無管帶〉一文談過（見《修理金庸》，頁一五六——一五八），在此再補充一下。

「管帶」，顯然是「管理帶領」之意，本是動詞，亦可作名詞用。這種修辭辦法在古文中常見，在清代官制中亦常見。

清代首次有「管帶」的官名始於神機營。神機營是道光十九年（一八三九年己亥）由御前大臣奕紀建議設置，但遲至咸豐十一年（一八六一年辛酉）才正式成軍，到同治初年改制才有「管帶官」。所以「管帶」絕對是「後金庸時代」的事物。

清末光緒朝的新官制中，陸軍部亦有「管帶官」，意義等於「指揮官」（似英語的commander）。北洋海軍亦有「管帶」。一艘戰艦上最高級的人員有「管帶」、「幫帶大副」、「魚雷大副」、「駕駛二副」、「槍炮二副」等等。這個「管帶」當然是名詞，等於「艦長」，「幫帶」則是「幫助帶領」。中日甲午戰爭（一八九四年）時，殉國勇將鄧世昌就是「致遠艦管帶」，他的正式官職是副將，同時有記名總兵的銜頭。這甚麼「記名總兵、實授副將」，《飛狐外傳》讀者當不陌生，鷹爪雁行門的周鐵鷦、汪鐵鶚師兄弟因保護福康安有功而得官。史書上說「鄧世昌管帶致遠」，這個管帶卻是動詞，指鄧世昌負責「管理帶領」致遠巡洋艦。

吳六奇的上司

史書記載吳六奇仕清沒有當過提督。小查詩人將吳六奇在廣東的地位提得太高，我在〈吳六奇與查繼佐〉一文談過（《修理金庸》，頁一六二——一六四）。歷史上真正吳六奇在廣東做清朝大官的時候，廣東最有權力的人是平南王尚可喜。

第二回：絕世奇事傳聞裡，最好交情見面初

（一）長長的題目

陳東倘許持清議，經濟如兄綽有餘。
夜雨新豐空作客，秋燈絕徼又開書。
絕奇世事傳聞裡，最好交情見面初。
如此畏途須閱歷，興闌吾欲賦歸與。

查慎行〈得家荊州兄都下書久而未答夜窗檢笥中舊札因續報章並作二詩奉寄〉之二

（二）挪一挪老祖宗的詩句

讀者不必誤會，本人沒有抄錯，乃是金庸把老祖宗的詩句略為修改，以切合《鹿鼎記》第二回的內容。

「絕世奇事」與「最好交情」似乎對得牽強。但是查慎行原詩以「絕」對「最」，「奇」對「好」，「世事」對「交情」，「傳聞」對「見面」，工整得很。

第二回寫韋小寶與茅十八相識，意氣相投，並肩退敵。茅十八一時衝口而出，在韋小寶面前說要到北京找號稱「滿州第一勇士」鰲拜比武，騎虎難下，只得帶了韋小寶北上。

金庸特別指明下句意指「一見如故」。上句則指韋小寶將在茶館中聽來的說書故事，轉告茅十八。說到《英烈傳》中明代開國功臣沐英的事蹟，明欺茅十八沒有聽過，少不免加鹽加醋。對於茅十八來說，那「銅角渡江」、「火箭射象」、「長鼻子牛妖」等等便是「絕世奇事」了。

金庸為甚麼要改？

金庸要講一樁「奇事」，此事有多奇？「絕世」之奇！查慎行原詩則是泛指「世事」，世上「絕奇」之事甚多。若以歐化文法論中文，查慎行講的「眾數」，金庸講的是「單數」。

至於妓院裡的小無賴與江湖大盜稱兄道弟，引出以後精采的故事，甚至影響康熙一朝的大局，也可以說是「絕世奇事」吧！

（三）三藩之亂的尾聲

查慎行這首詩作於康熙十九年庚申（一六八零），時年三十一。這一年韋小寶的大鬍子趙良棟趙二哥平定四川，前一年吳三桂稱帝後一命嗚呼，下一年吳世璠自殺，三藩亂平，韋小寶則在當「通吃伯」。這個吳世璠是吳應熊的庶子，金庸安排建寧公主閹了吳應熊，讀者要為金庸自圓其說，可以說此子在閹前已生，或是公主下刀不夠乾淨俐落。

原詩的標題很長，可以斷句為：「得家荊州兄都下書，久而未答，夜窗檢笥中舊札，因續報章，並作二詩奉寄」。查慎行這個時候正在貴州巡撫楊雍建幕中辦事，楊雍建也是海寧人。當時貴州尚屬吳氏勢力範圍，所以查慎行與從軍差不多。

陳東（一零八六——一一二七），字少陽，宋丹陽人，欽宗（一一二五年繼位，翌年改元靖康）時入太學，是當時的「學運領袖」。曾上書請免蔡京、童貫。高宗即位後（一一二七年既是靖康二年，也是建炎元年）又劾黃潛善與汪邦彥，反被構陷而死。

新豐在今日陝西省，說到這個地方，當然不能不聯想到白居易的《新豐折臂翁》。吳三桂自雲南起兵，而新豐折臂翁因怕到雲南而自折一臂逃兵役。雲南和貴州在中國西南，查慎行以此典寄托。查慎行和新豐折臂翁都不是武人，楊雍建曾為查慎行的詩集作序，對於查慎行的勇敢，甚表嘉許。

徼又有巡邊之意，當時查慎行追隨楊雍建，一年才到達貴州治所，征途艱苦，所以用「絕徼」、「畏途」、「賦歸」等語。

後記：

「老查詩人」原句「絕奇世事傳聞裡，最好交情見面初」的平仄必須符合以下格式：

可平可仄平平仄

可仄可平仄仄平

口訣中的「可」是「可平可仄」。「小查詩人」改成「絕世奇事傳聞裡」，平仄是：

仄仄平仄平平仄

「老查詩人」或會笑罵「小查詩人」胡鬧！

將老祖宗合律的詩句改得不合律，該罵。

但是將老祖宗的讀者群擴大到數以億計，有後代子孫如此光宗耀祖，雖要罵，仍當要笑吧？

「荊州」是查嗣韓的字，查嗣韓考得一甲二名榜眼，是一門七進士之中功名考得排名最高的第一人。

國森記

補充資料：

鰲太師已不是少保

《鹿鼎記》前幾回中有許多人物敬稱鰲拜為「鰲少保」，第二回故事發生在康熙帝擒拿鰲拜前夕，事在康熙八年，而在前一年鰲拜已是太師了，同時拜太師的還有另一位輔臣遏必隆。

清承明制，太師、少保等官都是給大臣的加銜。

太師、太傅、太保合稱三公，又稱三師，都是正一品。

少師、少傅、少保合稱三孤，又稱三少，都是從一品。

太子太師、太子太傅、太子太保合稱太子三公，都是從一品。

太子少師、太子少傅、太子少保合稱太子三孤，都是正二品。

三公、三孤原本算是皇帝的老師；太子三公、太子三孤原本算是太子的老師。清代唯「小玄子」曾長時期立有太子之外，往後縱有太子亦都夭折，又通常沒有太子，所以這些官名都只是空頭的兼銜，不負教導皇帝或太子的責任。

第三回：符來袖裡圍方解，椎脫囊中事竟成

（一）解邯鄲之圍

美人一笑元無罪，不殺難邀好士名。
趙勝何曾識毛遂，信陵差解重侯嬴。
符來袖裡圍方解，錐脫囊中事竟成。
碌碌因人嗤若輩，也如跛客強隨行。

查慎行〈邯鄲懷古三首〉之二

（二）金錐銳、木椎鈍

這一回，寫韋小寶隨茅十八到北京，誤打誤撞的竟然被海大富帶了入皇宮，殺了小太監小桂子，做其替身，從此青雲直上。

回目的上句用「信陵君盜符救趙」的典。金庸借以說韋小寶在千鈞一髮之際，當機立斷，加重藥量令海大富即時失明，又趁機殺了小桂子，為茅十八和自己解了圍。

下句用「毛遂自薦」的典，借以說冒牌小桂子「脫穎而出」。原本海大富安排小桂子與打掃上書房的溫有道、溫有方兄弟賭錢，希望大贏特贏之後借錢給他們，待有了把柄，日後就可以乘機去盜取《四十二章經》。真的小桂子逢賭必輸，假的小桂子卻一賭就贏。

韋小寶殺死小桂子一事，金庸只是輕描淡寫的幾句，將殺人之事寫得輕鬆，沒有幾個讀者對此心動。小說家的一枝妙筆，真的厲害！有足以令讀者潛移默化的威力。

這兩句詩選得甚好，只不過金庸把老祖宗詩句中的「金錐」改為《鹿鼎記》回目中的「木椎」，輕銳變為重鈍，有點那個！

（三）兩公子的典

原詩作於康熙三十四年（一六九五）乙亥，查慎行時年四十六，路過邯鄲而作，至此《鹿鼎記》散場久矣！韋公爺當在雲南隱居，嫡長子韋虎頭應在適婚年齡，說不定韋公爺已經可以弄孫為樂。

原詩頭兩句用孫武的典，即成語「三令五申」的故事。孫武是春秋時齊國人，著有《孫子》十三篇，即世稱的《孫子兵法》。吳王闔閭叫他示範練兵，卻派宮中美女一百八十人扮兵士學「步操」，以兩個寵姬分為兩隊隊長，分明是鬧著玩，眾美人亦恃寵生嬌，視同兒戲，覺得好玩，操得一塌胡塗，還大笑起來。孫武把兩個美女隊長當作真的軍官看待，軍法侍候，闔閭見玩出禍來，急忙求情，結果孫武搬出「將在軍，君命有所不受」的大道理。殺了兩個美人之後，其餘宮女便認真的操練。這裡的「士」不單指文士，因為古代文武不分途，所以蕭何說韓信「國士無雙」。

第三、第六兩句用趙國平原君趙勝門下食客毛遂自薦的典。平原君奉命出使向楚國求援，要帶二十個門客同行，選來選去只得十九人，最後藉藉無名的毛遂便自動請纓，還立了大功，就是「脫穎而出」的故事，兩人的對話講及錐、囊和穎。穎即是尖錐的芒，所以說「錐脫囊中事竟成」。金庸改作椎，那是鐵椎的椎，在四、五句才有戲份！

第四、第五兩句用魏國信陵君魏無忌盜符救趙、解邯鄲之圍的典，《俠客行》這首詩有講兩個關鍵人物，即侯嬴與朱亥。讀者可參考本欄的〈李白《俠客行》的俠與客〉，朱亥一椎打死晉鄙，即李詩中的「救趙揮金鎚，邯鄲先震驚」。

信陵君和平原君，同為戰國四公子的一員，公子的原意不是公子哥兒、紈褲子弟，而是公侯之子。

最後兩句是查慎行的講自己當時的情況，他的同學許霜巖出任陳留縣知縣，邀他同往遊歷，清代的陳留縣屬開封府，即是戰國時魏國的首都大梁。信陵君解邯鄲之圍，是戰國末年的一件大事，查慎行因遊梁而順便遊邯鄲，還要懷古，當然要懷這件大事。

後記：

戰國四公子的其餘兩人，是齊國孟嘗君，楚國春申君。《倚天屠龍記》武當派第三代宋青書外號「玉面孟嘗」，就是借用戰國四公子之首，只不過特別英俊，所以加「玉面」兩字。後世有所謂「明末四公子」、「清末四公子」、「民國四公子」、「國民黨四公子」等等的名目，清一色都是大官的兒子，這些人即使政治上沒有甚麼大作為，至少也是有點學問識見的人物。至其末流，活躍於娛樂圈、與女藝人多有苟且關係的紈褲子弟也叫「公子」，則反映時代的墮落沉淪了。

原文的「本欄」，指遠流公司金庸茶館網站的《詩詞金庸》欄目。

國森記

資料補充：

宦官因何稱「太監」？

「太監」成為宦官的代稱，源於明代內廷「二十四衙門」（四司八局十二監）的「十二監」。「監」不一定與宦官有關，只是中國傳統政制中政府部門的其中一個稱呼。清代有「欽天監」和「國子監」；

「欽天監」處理天文曆法和堪輿算命等「術數」，「國子監」則類似今天的「國立大學」，差別是「國子監」只此一家、別無分號。

稍讀國史的中國讀書人可能知道明代有「司禮監」，明代弄權禍國的宦官大都是「司禮監」的主管。初期「十二監」的長官是「太監」、次官是「少監」。後來編制擴大，「司禮監」就有「掌印太監」、「秉筆太監」等不同名目。「太監」多了，到了清代就成為宦官的代稱。

海大富所屬的「尚膳監」是明代「二十四衙門」之一，到清代仍然存在。

海大富與小桂子的關係

徐珂《清稗類鈔》的〈太監之稱謂服飾〉一條有謂：「太監之賞有頂戴者，稱老爺；無頂戴者，稱師父。太監頭目，俱收徒弟，下班後，捧盥漱具，執扇，持麈尾，皆徒弟為之。為頭目者，頤指氣使，又儼然一小至尊矣。」海大富「老烏龜」當然是有頂戴，所以他是「老爺」；真正的「小桂子」則是「徒弟」。

第四回：無跡可尋羚掛角，忘機相對鶴梳翎

（一）五十韻

六卿予告吾鄉少，此舉公今冠海寧。秩領春官大宗伯，光分南極老人星。
傳家忠孝遙承緒，得路煙霄早發硎。瞻斗地崇依象魏，摶扶力厚起鵬溟。
東流赴壑隨川後，西掌開忠比巨靈。質抱圭璋爭就琢，文融金錫儼流型。
紫淵欲涉迷津筏，翠獄難攀歎絕陘。鶴禁向曾推舊學，龍門誰下企高扃。
容臺洊歷非通職，宰相他時待掃廳。吐納心虛惟愛士，交游道廣總忘形。
絳紗夜捲談經帳，雲母朝排隔坐屏。獨以潔身嚴漏室，每持清議答明廷。
苞苴不入門如水，進退何慚戶亦銘。正使含沙潛鬼蜮，未妨擲瓦試清泠。
色寧可改緇加素，濁豈能侵渭別涇。氣盛或滋曹耦忌，言高偏徹九重聽。
引年自據尚書禮，歷宦還符退傳齡。鶚立雲端原矯矯，鴻飛天外又冥冥。
頻聞入市蠅傳赦，為報歸期鵲喜聆。率土三辰光禹服，泰階五紀慶堯蓂。
行抛手板牙雙笏，笑解腰圍帶萬釘。海外投竿連巨犗，人間巢睫任焦螟。

宮聲緩應車前鐸，塔語欣聞岸上鈴。無蹟可求羚挂角，忘機相對鶴梳翎。

……

查慎行〈奉送座主大宗伯許公予告歸里五十韻〉節錄

（二）補拍新鏡頭

這一回，講韋小寶這個冒牌小太監，因為不識宮中禮儀，竟然跟小皇帝以武會友。回目的聯句，只是說及韋小寶學自海大富的「羚羊掛角」和「仙鶴梳翎」這兩個招式。原來這兩招為舊版《鹿鼎記》所無，金庸為了遷就回目，在七十年代的修訂版補入來配合查慎行的聯句。

金庸寫道：

……選用一個人詩作的整個聯句。有時上一句對了，下一句無關，或者下一句很合用，上一句卻用不著，只好全部放棄。因此有些回目難免不很貼切……

《鹿鼎記》第一回〈縱橫勾黨清流禍，峭蒨風期月旦評〉

但是沒有言明，當找不到合適的聯句，也會潤飾原文來配合聯句，加了「羚羊掛角」、「仙鶴梳翎」兩招就很貼切了！

（三）長詩賀榮休

這首〈奉送座主大宗伯許公予告歸里五十韻〉作於康熙四十九年庚寅（一七一零），查慎行時年六十一。《鹿鼎記》回目選自這首詩的還有第三十九回的：「先生樂事行如櫛，小子浮蹤寄若萍。」和第五十回的：「鶚立雲端原矯矯，鴻飛天外又冥冥。」這裡只節錄原詩到第四回回目的聯句。

「予告」原指有功退休，後來泛指官員告老還鄉。查慎行的同鄉許汝霖在禮部尚書任內退休，六卿在這裡指吏戶禮兵刑工六部尚書，春官大宗伯是禮部尚書的敬稱。所謂五十韻，即是全詩有五十個協韻處，合共一百句。這種詩體一韻到底，翎、萍、冥都同屬九青韻。頭兩句與尾兩句不必對仗，中間四十八聯則要對仗。讀者細看便知每一聯都很工整。

所謂「羚羊掛角」，是古人誤以為羚羊晚上睡覺之時，以角將身體掛在樹枝之上，四蹄離地以避天敵，所以說「羚羊掛角，無跡可尋」。

其實查慎行也不甚相信這個說法，兩年後有一首〈歲杪自嘆二首〉之二：

天生物性故難齊，
健水東流弱水西。
不信羚羊能挂角，
如今只有觸藩羝。

健水是流行湍急的激流，弱水則泛指遙遠的地方。「羝羊觸藩」是降龍十八掌的其中一式，出自《易・大壯》。現代發明攝影技術，而且日新月異，對動物學的研究影響很大，前人在野外觀察收獲甚少，「羚羊掛角」是個誤會。

「仙鶴梳翎」指雀鳥整理羽毛，宋代林逋（九六七——一零二八），隱居西湖孤山，人稱為「梅妻鶴子」，其實是種梅養鶴。《笑傲江湖》江南四友的梅莊就在孤山。「忘機相對」是忘卻人與人之間的機心算計。

查慎行用「無蹟可求羚掛角，忘機相對鶴梳翎。」來祝禱許汝霖日後的退休生活。

資料補充：

上書房

海大富安排「小桂子」混入「上書房」找《四十二章經》，「上書房」是甚麼一回事？

「尚書房」其實是「小玄子」的兒子雍正皇帝始建！

在「鹿鼎記時代」根本就不存在！

道光（嘉慶之子、乾隆之孫、雍正之曾孫、小玄子之玄孫）以後，才改稱「上書房」。

「上書房」在乾清門內，實是「大清皇子皇孫學堂」。一般以大學士為「上書房總師傅」，此外還有其他師傅分擔教務，例如清末名臣翁同龢既是狀元，又是同治光緒兩代的「帝師」。皇子六歲入學，每天寅時（早上三至五時）上學，午時（上午十一時至下午一時）下課，只大節日才放假一天，夏天則稍減課時。除了儒家的經典，還要學滿蒙文和騎射。

現時大中華圈許多小孩都感覺上學讀書功課多、壓力大、其實比起「小玄子」的「嫡派子孫」已經輕鬆快活得太多了！

六部尚書的敬稱

明清的六部尚書，源於北周時代尚書省的擴編，西魏重臣宇文泰用蘇綽的建議，借用儒家經典《周禮》的內容，改革中央官制。隋代上承北周，設立吏、民、禮、兵、刑、工六部。這個民部到了唐代因為避太宗諱（世民）而改稱戶部。清代民間以《周禮》的官名作為六部尚書的敬稱：

天官大冢宰，指吏部尚書。
地官大司徒，指戶部尚書。
春官大宗伯，指禮部尚書。
夏官大司馬，指兵部尚書。
秋官大司寇，指刑部尚書。
冬官大司空，指工部尚書。

第五回：金戈運啟驅除會，玉匣書留想像間

（一）去除舊會，開啟新運

十三陵古隔巖關，往事低催父老顏。
黃鳥哀歌經國恤，紅巾新籍點朝班。
金戈運啟驅除會，玉匣書留想像間。
斫卻冬青人盡識，祾恩羊虎尚斑斑。

查慎行〈燕臺雜興次學正劉雨峰原韻十首〉之四

（二）青雲直上、中飽私囊

這一回，寫韋小寶參與擒拿輔政大臣鰲拜驚心動魄的一幕，從此青雲直上，不再是陪小玄子摔跤的玩伴，一躍而成為小皇帝身邊的大紅人。滿朝大臣都要極力巴結他一個小孩子。後來奉命與索額圖一起去抄鰲拜的家，起回鑲黃和正白兩部《四十二章經》，在前輩「教路」之下，二人中飽私囊，抹去了一字，合共吞了百萬兩銀。還因利成便，順手牽羊，侵吞了寶衣寶劍，成為日後闖蕩江湖的重要旁身法寶。上句講

康熙親政，開創新時代。下句講韋小寶從匣中得經，至於經書是何等重要，則因聽了索額圖索大哥的忠告沒有偷看，就只能想像而已。

附帶一提，舊版《鹿鼎記》中，這兩部經書只有書函包著，並無玉匣。修訂二版加了工，每部經書多送玉匣一隻，以配合查慎行原詩。

（三）十選其六

查慎行這首詩按劉雨峰詩的韻而作，事在康熙二十三年甲子（一六八四），時年三十五。此時通吃伯韋小寶當在通吃島上。十首之中共有六首被金庸選中，成為《鹿鼎記》的回目，以後會一一介紹。學正是個芝麻綠豆的小官，與管一省教育的學政一字之差，相去甚遠。

雜興詩是即興而起的感懷作品，「黃鳥」用《詩經》的典故：

黃鳥黃鳥，無集于穀，無啄我粟。此邦之人，不我肯穀。言旋言歸，復我邦族。
黃鳥黃鳥，無集于桑，無啄我粱。此邦之人，不可與明。言旋言歸，復我諸兄。
黃鳥黃鳥，無集于栩，無啄我黍。此邦之人，不可與處。言旋言歸，復我諸父。

《詩．小雅．黃鳥》

「國恤」是值得憂恤的國家大事，亦指國喪。詩人叫黃鳥不要啄食穀物，又要「復我邦族」，國家的處境當然不妙。

「紅巾」是元末韓山童、劉福通起事的典故，他們用白蓮教為號召，用紅巾裹頭，金庸在《倚天屠龍記》將他們「收編」入明教的系統。

「金戈」喻打仗動武，所以金庸的「天龍八部詞」有「金戈盪寇鏖兵」之句。

「開啟新運，去除舊會」標誌著新時代的開始，用邵雍《皇極經世書》的術語，當中有所謂元、會、運、世。一元十二會，一會三十運，一運十二世，一世三十年。所以一運是三百六十年，一會是一萬零八百年，一元是十二萬九千六百年。

「禝」是一種祭祀的名稱，這個字的意思在「小玄子字典」（《康熙字典》）上說是「神之福」。

補充資料：

總管太監與首領太監

小查詩人在這一回介紹了清代有職司的太監由四品到八品共五級。海大富是五品太監，假小桂子由無品級超擢為六品太監。其實這些品級是小玄子之子雍正帝所定，而敬事房亦要遲至康熙十六年才設置（讀者應記得三藩之亂在康熙十三年爆發）。

按史書的記載，四品「宮殿監督領侍」是「總管太監銜」，五品「宮殿監正侍」是「總管銜」，六品「宮殿監副侍」是「副總管銜」，七品「執守侍」和八品「侍監」都是「首領太監銜」。

第六回：可知今日憐才意，即是當時種樹心

（一）陪飲詩

三十年來培護深，階除手植盡成陰。
可知今日憐才意，即是當時種樹心。
天近城南多雨露，人從畫裡指心林。
一春兩度陪公飲，自愛婆娑入醉吟。

查慎行〈同悔人、禹平、雪坪、崑繩、文子、武曹、亮功，集黃岡王副相書齋，雪坪有詩，余繼和〉

（二）憐才種樹的破綻

這一回，海大富終於揭穿韋小寶假扮小桂子之事，盤問他受了甚麼人指使，說道：

海老公坐在他床沿上，輕輕的道：「你膽大心細，聰明伶俐，學武雖然不肯踏實，但如果由我來好好琢磨琢磨，也可以算得是可造之材，可惜啊可惜。」

假小桂子雖然聰明，卻終究不是「老烏龜」的對手，小桂子是福建人，韋小寶是揚州人，海老公雖然給假小桂子害得瞎了雙眼，但兩人的口音仍是分得清。這時更言明在湯中下毒：

……海老公道：「我本來很愛喝湯的，不過湯裡有了毒藥，雖然份量極輕，可是天天喝下去，時日久了，總有點危險，是不是？」

細心的假小桂子給厲害的公公算計到了。然後海老公因為看不見而給韋小寶的匕首削了幾根手指，一掌以為打死了他，便說：「死得這般容易，可便宜了這小鬼。」

以上種種，都是「憐才意」。

此下的情節更是峰迴路轉，海大富找太后攤牌，然後動起手來。原來老烏龜老謀深算一直假扮少林派，隱藏崆峒派的功夫，把太后蒙在鼓裡，措手不及。而太后用假武當功夫隱藏蛇島的化骨綿掌絕技，卻瞞不過海大富。

海大富教假小桂子少林派的大擒拿手、大慈大悲千葉手，就是「種樹心」了。只可惜因為雙目失明，先給假小桂子的匕首暗算，再給假太后的蛾眉刺插中小腹。「老婊子」運氣好，「老烏龜」運氣壞。

不過這一回有一個大破綻，就是金庸說小玄子的武功是太后教的，這個不容易自圓其說，要看新三版會怎麼改。

（三）誰是王副相？

這一首七律作於康熙三十九年庚辰，查詩人時年五十一歲。詩題很長，就是一大班人在王副相家中書齋相聚，飲飽食醉後吟詩。這種雅集，現代人無福消受，能在家中搞甚麼「三十年來培護深，階除手植盡成陰」，實在是極奢侈之舉。還要有詩人答和，更是難上加難。

黃岡這個地方，湖北、廣東皆有。當時朝中高官有個王熙，官拜大學士，卻是順天人，也不是副相。這個王熙的名字在《鹿鼎記》中有出現過，他與胡兆龍一起編《端敬后語錄》。

後記：

有讀者問這一回的「大破綻」何在？似乎該要「畫公仔畫出腸」了。假太后教「小玄子」武當派掌法以隱瞞蛇島功夫，「老烏龜」則教「小桂子」少林武術以隱瞞崆峒派的本事。問題在於真太后是甚麼來歷？

真太后出身科爾沁部，姓博爾濟吉特氏。「順治老皇爺」的生母和幾位皇后都來自這個蒙古顯貴家族，「小玄子」之嫡母，一生人主要就待在蒙古草原和北京皇宮，可以怎樣學會武當派的功夫？

「小查詩人」筆下的「建寧公主」可以從皇宮中的侍衛那裡見識各門各派的武功，但她是個不守規矩的「暴風少女」。至於太后，不論真的還是假的，在人前人後的形象，合該只能一本正經，難以想像怎麼可能學會假的武當功夫。

國森記

補充資料：

淨身

這一回海大富提及自己是成年之後才「淨身」。假小桂子韋小寶則未「淨身」，日後小桂子告訴小玄子和男師父陳近南自己假扮太監，都要讓人家「驗明正身」。

徐珂《清稗類鈔》的〈受宮〉一條謂：「歷朝宮中使令，任用閹宦，此舉最賊人道，為我國數千年相傳之秕政。閹宦類多河間人。既選為內侍，則被宮。惟閹割之後，須居密室，避風百日，露風即死，無藥可療。又須選取未成童者為之，壯者受宮多危險。宮後，即聲雌頷禿，髭鬚不生，宛然女子矣。」

海大富成年以後才被「閹割」，該是十分危險。河間府鄰近北京，所謂「閹宦類多河間人」，相信是元明清三代以北京為帝都之故，當宦官也要靠同鄉介紹。海大富找一個福建娃娃小桂子做「徒弟」，閩方言跟京片子相差甚遠，交談不便，實在有點兒怪。

第七回：古來成敗原關數，天下英雄大可知

(一)〈詠史〉詩

大廷一意注安危，充國金城事不疑。
滇海有人聞鬼哭，棘門此外盡兒嬉。
古來成敗原關數，天下英雄大可知。
莫笑書生無眼力，與君終局試論棋。

〈詠史八首〉之八

(二) 天數與英雄

這一回，寫康熙以為鰲拜背上捱了一刀，受了重傷，命不長久，便赦免了他的死罪。誰不知滿洲第一勇士復原得快，便派小桂子去「清理善後」，結果任務雖得完成，卻給天地會青木堂的好漢擄走了。青木堂前任香主給鰲拜害死，原本協議誰殺得鰲拜，就可以繼任香主，誰不知陰差陽錯，由皇宮中的「小韃子」暗算得手。作者這個安排，是為韋小寶腳踏兩頭船張本，此後便既領大清的祿米，又做反清復

明幫會的高級頭目。

回目是怎麼選的？憑關夫子的話：

……關安基等原已聽說，鰲拜是為小皇帝及一群小太監所擒，聽韋小寶說來活龍活現，多半不假。關安基嘆道：「鰲拜號稱滿洲第一勇士，不但為你所殺，而且也曾為你所擒，那也真是天數了。」

聯句的上句以一個「數」字作結，就是關夫子說的「天數」，亦即「氣數」、「運數」。那麼下句又講甚麼？

這一回的收尾，以總舵主陳近南快將出場作結。第一回有「生平不識陳近南，就稱英雄也枉然」，英雄對英雄。查大俠該是這樣挑，挑得貼不貼題，就要交由讀者評價。

（三）一詩兩回目

原詩作於康熙二十年辛酉，查詩人時年三十有二。趙充國（元前一三七——元前五二），字翁孫，西漢隴西人，是位長壽將軍，歷武、昭、宣三代。金城是河西重地，在今日甘肅省。趙充國七十多歲還在金城帶兵，以主張屯田，寓兵於農聞名。

讀者如對《鹿鼎記》回目有印象，當知本詩的頷聯（三四句）是第二十七回的回目，頸聯（五六句）即是這第七回的回目。

補充資料：

清代宗室封爵

這一回小桂子到康親王府處置掉鰲拜。

清代宗室封爵最高級是和碩親王（簡稱親王），康親王傑書即是此類。此下是多羅郡王（簡稱郡王），多羅貝勒（簡稱貝勒），固山貝勒（簡稱貝勒），奉恩鎮國公，奉恩輔國公，不入八分鎮國公，不入八分輔國公，鎮國將軍，輔國將軍，奉國將軍。

所謂「不入八分」，指入關之前不能分享戰利品的級別。奉恩輔國公以上才可以在每次戰勝之後，按八旗分領奴隸牲口。入關以後，戰利品分成八份的制度逐漸廢除。

第八回：佳客偶逢如有約，盛名長恐見無因

（一）過樓思友

快事相看一笑真，忽傳絕域有歸人。
劫灰已掃文星燦，黨禁初寬士氣伸。
佳客偶逢如有約，盛名長恐見無因。
廿年冰雪思鄉夢，纔向田園過一春。

查慎行〈過吳漢槎禾城寓樓〉

（二）雞蛋裡的骨頭

這一回，陳近南再度出場，查問韋小寶入宮和殺死鰲拜的事。韋小寶在這個不怒自威的總舵主跟前竟然不大敢說謊，陳近南得知韋小寶是假太監，便乘機收他為徒，繼任青木堂香主之職，用以擺平李力世和關安基兩派爭奪香主的內鬥。

上聯講天地會開大會。內五堂、外五堂的香主，現職的九個，再加內定接任的韋小寶，共是十個。韋

小寶自然是天降的「佳客」，而各香主到北京開會前萬萬想不到鰲拜這樣便死掉，所以金庸挑這個聯也很貼切，會上的首腦齊集，那是「如有約」。

陳近南重提舊事，說青木堂人眾起誓，誰人殺了鰲拜，便可以繼任香主，正好捧韋小寶出來。不過總舵主師父別有懷抱，徒弟小寶看得出是「過河拆橋」的把戲，怕「人人都來雞蛋裡尋骨頭」。

韋小寶盛名是有的，初出道便用計殺了黑龍鞭史松，又擒殺鰲拜。

（三）又是寧古塔

原詩作於康熙二十二年癸亥（一六八三），查慎行時年三十四，自註云：「漢槎將携家入燕。」吳漢槎，名兆騫，江蘇吳江人，會做詩寫文章。在「行癡老皇爺」未到五台山做和尚之時，被充軍到寧古塔，那一年是順治十六年。吳兆騫的好朋友顧貞觀向明珠的兒子納蘭性德求援，結果在康熙二十年獲赦。查慎行作這詩時，納蘭性德還未去世，或有機會讀過此詩。

絕域指寧古塔，江南人這二十多年充軍的日子，就在塞外苦寒之地度過，難免有「冰雪思鄉夢」，文士吃盡了苦頭，捱過了艱難日子，所以說「劫灰已掃文星燦」，「黨禁」寬了，只不過失掉二十多年的光陰。

寧古塔這個地方，在金庸小說常有提及，卻沒有正面寫過甚麼人物到過這地方。《雪山飛狐》裡面玉筆峰的杜希孟去過，寶樹和尚帶著眾人上山時，于管家便說主人到了寧古塔請金面佛苗人鳳助拳。

另外《鹿鼎記》也有提及莊家的寡婦原本也要充軍去寧古塔，得高人搭救才可以脫身，莊家三少奶等人還學了一身功夫。不過這個情節金庸擺了烏龍，鬧了雙胞，在不同章節寫了九難和何惕守。魚與熊掌，看來只能捨九難而取何惕守。

後記：

新三版劃一了打救莊家的高人是華山派的「婆婆姊姊」何惕守（即《碧血劍》中的何鐵手），因此長平公主九難師太不再認識莊家的寡婦，莊三少奶和雙兒夫人就是華山派的旁支，沒有學到鐵劍門的功夫。

國森記

第九回：琢磨頗望成全璧，激烈何須到碎琴

（一）長長的題目

綠酒紅燈促坐深，無多同調況知音。
琢磨頗望成全璧，激烈何須到碎琴。
起舞自憐中夜影，急觴難緩此時心。
軟塵十丈騎驢去，怕被人傳倚樹吟。

查慎行〈立夏前三日集汪寓昭願學堂，
兼留別姚天襄、顧九恆、沈昭嗣、
陳廣陵、章豈績、馮子文、嚴定隅
及家德尹，時余將入燕二首〉之二

（二）高山流水

這一回，寫韋小寶做了青木堂的香主之後遇上的第一件棘手事，要帶領屬下去找雲南沐王府的晦氣，

劍拔弩張之中不無輕鬆爆笑之處。

卻說總舵主師父教了切口，叫新任堂主到天橋找賣膏藥的徐老頭，唸甚麼「地振高岡，一派溪山千水秀。門朝大海，三河合水萬年流。」結果桂公公只顧「在街市採購物品」、「在茶館裡聽書」，沒有去找賣膏藥的老頭。

到得首次見面，已是他的手下「八臂猿猴」徐天川錯手打死了雲南沐家「白氏雙木」的老大白寒松，這個「吃白食」的傢伙就是當日茅十八帶韋小寶上京時遇到的第一個真正高手。

這一回帶出「唐桂之爭」，徐天川與白寒松、白寒楓兄弟，由相識到爭論真命天子誰屬，到交手，到傷了人命。

「琢磨」用《詩．衛風．淇澳》的典故：「如切如磋，如琢如磨。」琢是雕琢玉器，磨是打磨動物骨角，琢磨的引伸義是與人討論問題。雖然同樣為了反清復明大業，但是沐王府擁桂，天地會擁唐，自不可能琢磨出甚麼名堂，難以成得全璧。政治議題最容易引起「初則口角、繼而動武」的場面，這一回也不例外，「琢磨」到「激烈」處，徐天川雙掌如「碎琴」一樣，在危急中為了自保而打死了白寒松。金庸的安排是判了白氏兄弟理虧。

「碎琴」是伯牙與鍾期的典，正好配合沐王府武功中的一式「高山流水」。伯牙是戰國時人，善鼓琴，當他志在高山時，鍾期便說：「巍巍若泰山！」當他志在流水時，鍾期便說：「湯湯若流水！」鍾期死後，伯牙以世上再無知音，為之絕絃。這就是「高山流水」、「伯牙碎琴」的故事。金庸挑這聯句作為回目，實在有趣。

（三）燈紅酒綠

查慎行原詩作於康熙二十三年甲子（一六八四），詩人時年三十五，其時三藩之亂已平。

中文其實真的沒有嚴格的「文法」，平常我們講「燈紅酒綠」，可以是「名詞」，也可以是「形容詞」，詩人說「綠酒紅燈」，意義沒有太大的差別。

這詩的題目很長，有幾十個字，就是一大堆人名，一起參加有「綠酒紅燈」的文人聚會，在現代略等於唱「卡拉ＯＫ」。德尹是二弟查嗣瑮的別字，「家」指是本家姓查的人，如「家父」、「家母」、「家兄」、「家弟」等。

後記：

「燈」與「紅」是平聲字，「酒」與「綠」是仄聲字。「綠酒紅燈促坐深」的平仄是「仄仄平平仄仄平」，合律。如果作「紅燈綠酒促坐深」，平仄就會是「平平仄仄仄仄平」，不合律。

詩人作詩填詞時為了符合平仄格律，經常會將常用詞語的字序改變，此處即是一例。

國森記

第十回：儘有狂言容數子，每從高會廁諸公

（一）送別詩

朅來挾琴並燕中，廡下猶欣傍伯通。
儘有狂言容數子，每從高會廁諸公。
淋漓醉射東方覆，躞蹀群看北野空。
恰恰酒人從此散，一天無賴柳綿風。

查慎行〈送叔穀南歸即次留別原韻三首〉之二

（二）飛黃騰達、持續學習

這一回，一開頭就是天地會青木堂韋香主屬下的「錢老闆」出場，送來一口「花雕茯苓豬」，由是帶出韋公爺日後的兩個老婆，大小老婆怡姊姊方怡方姑娘（第十一回才出場），小小老婆劍屏妹子小郡主沐劍屏娘娘。

金庸特別解釋回目聯句中的「廁」字，就是「混雜在一起」意思，也就是常用成語「廁身其中」的

用法。

擒殺鰲拜的桂公公成為皇上身邊的大紅人，索額圖大哥要巴結，「鐵帽子王」康親王也要巴結，特別為「桂兄弟」舉行盛大的宴會，便是說韋小寶一個小無賴，爬上高會，廁身高會，得見「諸公」。領侍衛內大臣多隆，平西王世子吳應熊，甚至一個記名總兵江百勝都要大力巴結。

韋小寶非常聰明，並沒有因為驟來的富貴而衝昏了頭腦，而且不斷在新環境中學習，舉一反三。他很快明白到周圍的人有甚麼居心，還見微知著，做其賊阿爸，把齊元凱用盡計謀盜取的《四十二章經》來個順手牽羊。

至於「狂言」，可以算入對小郡主的諸般花言巧語。但「容數子」又是那些人呢？還未想到恰當的解釋。

（三）射覆

原詩作於康熙二十五年丙寅（一六八六），查慎行時年三十七，這是三藩之亂已平，而《尼布楚條約》未簽，韋小寶當在通吃島釣魚。

這首詩又是送別用次韻詩，踐別難免要搞個酒會。「揭」即是去。「蹀躞」是小步行走的樣子。

喝酒要到有點醉意才痛快淋漓，更要有節目助興，吟詩之外，便是射覆。

射覆是猜物遊戲，用碗盆蓋著要猜之物，用占卦等術數來猜。東方朔善於射覆，漢武帝喜歡接觸術士，曾經拿一隻守宮來命一班術數家射覆，結果全部射不中。東方朔自告奮勇，用易占來射，說「非守宮即蜥蜴」。皇帝認為射中，便賜帛作為獎賞。一不離二、二不離三，皇帝再出題，東方朔一一射中，連番得賜帛。射覆又發展成為酒令，文人雅士行酒令時，用常用成語、詩文等作謎，猜錯或出題不當的都要罰酒，這比現代人猜枚高級得多。

桂公公是粗人，這種「高會」當然不會玩射覆，聽「十八摸」才差不多。

後記：

中俄雅克薩之戰康熙二十四年，簽訂《尼布楚條約》在二十八年。因此要修正，「老查」寫這詩時，「小桂子」已不在通吃島。

國森記

補充資料：

「領侍衛內大臣」不是「侍衛總管」

這一回「領內侍衛大臣多隆」出場，「小查詩人」說：「通常稱之為侍衛總管」。

其實清制「領侍衛府」長官是六名正一品的「領侍衛內大臣」，鑲黃、正黃、正白等上三旗各二人。「小查詩人」改作「領內侍衛大臣」，相信是一時沒有翻查史書之誤。「領侍衛內大臣」是「內大臣」的一種，小查詩人改為「領導」一批「內侍衛」的「大臣」，不確。

領侍衛內大臣之下還有「內大臣」（從一品）和「散秩大臣」（二品銜食三品俸），與及各級侍衛。初期「內大臣」無員限，後來定為六名；「散秩大臣」則從來都不限員額。這些上三旗的親信高官，負責輪流值班，在皇帝身邊當「保鑣」，並沒有「侍衛總管」的職位或差事。

清代官制於滿人漢人待遇不同，漢人通常只能當一份職，文官武官不相混，滿人則可以當幾份職，文官可以做大學士，又同時當武官做到領侍衛內大臣。鰲拜在未倒台之前，赫然就是六名領侍衛內大臣之一！

多隆多大哥則是小查詩人虛構。

第十一回：春辭小院離離影，夜受輕衫漠漠香

（一）離離影、漠漠香

花繁葉密暗迴廊，為放庭空特撤牆。
翠幕雲遮天四角，紅燈人醉樹中央。
春辭小院離離影，夜受輕衫漠漠香。
曾是往年連塌地，重來容易感流光。

查慎行〈陸澹成侍讀招飲丁香花下，同西溟、崑繩、寄亭作〉

（二）又是「裝修加建」

這一回，主要寫韋小寶繼續戲弄沐王府小郡主，接著太后前來要殺他滅口，遇上沐王府人眾入宮鬧事，給救了一命。韋小寶又救了小郡主的師姊一命，然後僥倖殺了御前侍衛副總管瑞棟。

回目上句的「小院」是新任副首領太監小桂子的窩，原來是海大富「老烏龜」的家，人死了便給小桂子來個鵲巢鳩佔。下句專寫方怡。

沐王府這移禍江東的計謀實在差勁，天地會總舵主陳近南得知後也有批評。現在再看，還有個更大的漏洞。方怡「小娘皮」的武功這麼差勁，也加入行刺行列，恐怕會礙手礙腳。蘇岡、白寒楓的武功像樣一點，應該勝過失手被擒的敖彪、劉一舟。

這一回寫韋小寶給方怡療傷，乘機毛手毛腳，還在兩個少女跟前大講好哥哥、好老公、親親老公，大討便宜。

少不免要請教美人的名字，又說要「親嘴」、「臉上香一香」，不外乎要小郡主的師姊在「給親嘴」與「說名字」之間選擇。對照舊版和二版，發覺查大俠動了手腳來配合回目聯句，但不是找聯句來配合「劇情」：

韋小寶笑道：「不說也可以，那我就要親你一個嘴。先在這邊臉上香一香，再在那邊香一香，然後親一個嘴。你到底愛親嘴呢，還是愛說名字？我猜你一定愛親嘴。」燭光下見那女子容色艷麗，衣衫單薄，鼻中聞到淡淡的一陣陣女兒體香，心中大樂，說道：「原來你果然是香的，這可要好好的香上一香了。」

自「我猜你一定愛親嘴」那句起，都是新增的。「衣衫單薄」配「夜受輕衫」，「淡淡的一陣陣女兒體香」配「漠漠香」。

（三）又是酒會

原詩作於康熙三十四年乙亥（一六九五），查詩人時年四十有六，此時《鹿鼎記》散場久矣。韋大人的結拜大哥桑結喇嘛和二哥「整個兒好」（準噶爾汗）噶爾丹的戲還沒唱完，不過也時日無多。

侍讀是翰林院從五品的官，幾個人在丁香花下聚飲，倒也風雅。

此地「花繁葉密」，令人感到「迴廊」為之「暗」，還特地撤掉一堵牆使庭院更開揚。「翠幕雲遮天四角」這句口氣很大，該是「人醉樹中央」才吟得出的佳句。這「輕衫漠漠香」究是誰人？會不會是香噴噴如方姑娘那樣瓜子臉的十七八美人兒？

補充資料：

侍衛編制

這一回御前侍衛副總管瑞棟出場，一會兒戲就唱完了。

宮中宿衛是甚麼制度？

《欽定八旗通志．兵制志》：「凡宿衛之制：更番輪直。三旗侍衛各分六班，班分兩翼，各設侍衛班領二人，署班領二人，侍衛三十人。宿衛乾清門為內班，晝坐門禁，夜守扃鑰，散秩大臣一人，侍衛親軍三十人。宿衛中和殿，侍衛什長三人，侍衛親軍三十人。宿衛太和殿為外班。以領侍衛內大臣一人總統之。內大臣、散秩大臣二人，隨班入直。」

由此可見，清宮中並無「御前侍衛總管」之職，如果像小查詩人的安排，只得一個總管多隆和一個副總管瑞棟（韋小寶繼任），累都累死了！侍衛班領倒是有的，一二品大員倒有一二十人可以「更番輪直」。

乾清門是乾清宮的正門，小玄子在位期間起居和聽政都在乾清宮，雍正繼位後才搬到養心殿，因此乾清門宿衛是親信中的親信。

第十二回：語帶滑稽吾是戲，弊清摘發爾如神

（一）體恤守門人

過門何止十朱輪，只有窮交不厭煩。
語帶滑稽吾是戲，弊清摘發爾如神。
犬應勿拒重來客，花亦爭窺舊識人。
從此得閒須造徑，巷南巷北總芳鄰。

查慎行〈友鹿復次韻見寄，恐其有過督司閽之意，再疊韻解之二首〉之一

（二）滿口胡柴

這一回，寫韋小寶再憑一張能言善辯的嘴，用「滿口胡柴功」迷惑敵人，製造混亂來拖延時間，爭取多點餘裕去想辦法，得以化險為夷。上一回分散了侍衛副總管瑞棟的注意力，最終以弱勝強，這一回重施故技，用在幾個太監和太后身上，很合乎「語帶滑稽吾是戲」。

回目聯句中的「弊清摘發」尚未解通，只好暫時老起臉皮擱在一旁。

故事發展下去，是小玄子看穿了沐王府嫁禍吳三桂的笨方法，韋小寶便乘勢拍小皇帝的馬屁，說他「料事如神」，這「如神」兩字恰巧在回目聯句中出現。韋小寶奉旨去敲「雲南竹槓」，向小漢奸吳應熊索得十萬兩銀，卻騙小玄子只得五萬兩，侵吞了一半。中間穿插著韋小寶「語帶滑稽」地討方怡和沐劍屏的便宜，最後終於香得大小老婆和小小老婆的粉臉。

（三）狗眼看人低？

原詩作於康熙三十四年乙亥（一六九五），查詩人時年四十六。本詩除了「弊清摘發」不好解（此以本人理解認知水平為準），其餘都不艱深。

詩人前詩還有註解：「余兩詣友鹿俱阻于司閽。」宮友鹿是查慎行的朋友，查慎行兩次造訪他，都給守門人奉上閉門羹。查詩人寫詩為守門人開脫，所以詩題有「恐其有過督司閽之意」。

首二句說「過門」造訪的有「朱輪」和「窮交」，形成對比，難怪司閽會看不起窮詩人。也可能是查詩人「語帶滑稽」，不似貴客，所以兩番受阻。寄語宮家的犬與花要認得主人的舊識人，自己還會「得閒」（這詞我們廣東話仍很常用）再造徑，免得司閽忘記了主人的窮交。

補充資料：

漢侍衛

這一回，兩個有名有姓的漢軍侍衛出場，即是張康年和趙齊賢。二人都是沒有面目，卻有對白可唸的閒角。

《清史稿．職官志》：「故事，凡宿衛之臣，惟滿員授乾清門侍衛，其重以貴戚或異材，乃擢入御前。漢籍輒除大門上侍衛，領侍衛內大臣轄之。」

因此以張、趙二人的漢籍，連乾清門侍衛都當不上，只能守在大門，更不能「擢入御前」。御前者，近在皇帝跟前是也。

至於漢侍衛（不屬漢軍八旗），則要等到《鹿鼎記》散場之後的康熙二十九年，才開始「擢武進士嫻騎射者為侍衛，附（上）三旗。」

第十三回：翻覆兩家天假手，興衰一劫局更新

（一）汴梁雜詩

歲幣輸來不計緡，無端齒冷為亡唇。
偷生虎穴甘南渡，忍死牛車痛北巡。
翻覆兩家天假手，興衰一劫局更新。
幽蘭堂畔誰相惜，只有從亡十九人。

查慎行〈汴梁雜詩八首〉之五

（二）翻雲覆雨，左右逢源

這一回，一開場便是雲南沐王府的小公爺沐劍聲，邀約天地會青木堂吃「政治飯」，青木堂眾人要韋香主做頭兒承擔責任。不過小孩子香主今非昔比，不會輕易上當，結果是關安基第一個表態說要赴約，其餘人等也不得不點頭「投票」。

原來沐劍聲帶同師父「鐵背蒼龍」柳大洪來找晦氣，要「小老弟」有所擔當。韋香主雖自稱「人小肩

膊窄」，其實早已胸有成竹、智珠在握，倒是青木堂一眾屬下都怕香主言語滑頭，丟了天地會的臉。韋香主有兩張王牌，一是小郡主和方怡在他房中，二是知道沐王府其他入宮行刺失手者的下落，當下便提議營救刺客來換命，抵償徐天川打死白寒松一案。

回目聯句中的「兩家」，是指台灣鄭家和雲南沐家，兩家各舉義旗，捧不同的朱氏後人作為反清復明的號召。不過天地會似乎只知鄭家，不甚知有朱家。突然間，小桂子時來運到，小玄子竟下令放掉刺客，好查探主謀，韋香主便順水推舟，兩面討好。天子下令，奉旨放人，還不是「天假手」？而這「兩家」，又可暗喻明、清兩家，小桂子食大清祿米，卻與亂黨勾結，左右逢源，在兩家之間翻手為雲、覆手為雨。

小皇帝向小太監面授機宜，可以殺一兩個侍衛，把戲做得更逼真。蒙汗藥原本打算給張康年等侍衛品嘗，卻忽然跑出太后遣來的幾個太監當替死鬼。以圍棋中的打劫來比喻，一子扭轉局勢興衰，倒也有趣。

（三）聯金滅遼，聯蒙滅金

原詩作於康熙三十四年乙亥（一六九五），查慎行時年四十六，自註云：「同學許霜巖謁選得陳留宰，邀余偕行。」陳留是漢代郡名，就是開封，宋時為汴京，戰國時為魏國的大梁。這個地方與《俠客行》大有關係，讀者不會陌生。

第一句講宋室先後向遼、金交「保護費」（那時叫歲幣），用錢買太平。第二句講「唇亡齒寒」，宋室先是聯金滅遼，再來聯蒙滅金，兩次都惹來更兇悍的新強鄰。第一次的結果是由失燕雲十六州變成南渡，第二次則由偏安江南變成亡國。

第三句「南渡」和第四句「北巡」是同一件事，靖康之難的結果是徽、欽二宗被脅持北走當俘虜，高宗則南渡逃命。第七句、第八句講金國滅亡，蒙古兵攻蔡州，金哀宗以身體肥胖，怕兵荒馬亂逃不了，便傳位給宗室完顏承麟，希望延續皇朝。結果承麟的皇帝只馬馬虎虎做不到一天，便為亂兵所殺，是中國歷史上皇帝任期最短的一個，而哀宗則於幽蘭堂自縊。

第十四回：放逐肯消亡國限，歲時猶動楚人哀

（一）三閭祠

平遠江山極目迴，古祠漠漠背城開。
莫嫌舉世無知己，未有庸人不忌才。
放逐肯消亡國恨，歲時猶動楚人哀。
湘蘭沅芷年年綠，想見吟魂自去來。

查慎行〈三閭祠〉

（二）「肯」即是「不肯」

這一回，寫天地會總舵主陳近南初會沐王府首腦。沐劍聲和柳大洪為了韋小寶救出吳立身等三人而前來道謝，接著祈彪清引出唐王、桂王之爭，陳近南與沐劍聲三擊掌為誓。再帶出名不見經傳，但武藝了得的李西華來攪局，迫得陳近南使出「凝血神抓」。

太后派「肥豬」柳燕押著韋小寶回房拿《四十二章經》，結果韋小寶和方怡合力殺了柳燕。柳燕武功

雖高，萬料不到房中床上藏得有人，爬進床底對付小鬼，冷不防給方怡一劍透床刺中，釘死在地下。真不得不佩服金庸的心思，瑞棟、柳燕這樣的高手，先後死得糊裡糊塗，全憑金庸善用現場環境。再來是韋小寶見到太后的慈寧宮竟藏有男人，又無意中與陶宮娥合力殺了這個男扮女裝的假宮女。

但是以上種種情節，都未在回目聯句中提及。「放逐肯消亡國恨，歲時猶動楚人哀」兩句，形容柳大洪念及桂王（永曆天子）殉國，「心頭酸楚，話聲竟然嘶啞」，又「老淚涔涔而下」。

雲南沐家抗清失敗，成為亂黨，也算是給放逐江湖。這個「肯」字大有文章，在這裡解作「哪能」，不是平時最常用的「願意」之意。所以上句是：「雖然流落江湖，但哪能忘卻亡國之恨？」這樣才有下句：「歲時猶動楚人哀。」只不過沐家不在湖南，不是楚人，他們落籍雲南，乃是滇人。

（三）楚雖三戶，亡秦必楚

原詩作於康熙十九年庚申（一六八零），查慎行時年三十有一，韋爵爺正在通吃島享福。「三閭祠」當然是供奉三閭大夫的地方，歷史上最有名的三閭大夫，是戰國時楚國的愛國詩人屈原。陳近南也在這回中引用了「楚雖三戶，亡秦必楚」的古語來安慰柳大洪。

首兩句寫境；三四句寫屈原遭忌受讒，沒有知音；五六句寫楚人懷念屈原；末兩句寫後人因境思人。

第十五回：關心風雨經聯榻，輕命江山博壯遊

（一）秋懷

石佛橋邊一繫舟，遠來情感寄郵書。
關心風雨經聯榻，輕命江山博壯遊。
木葉波仍浮楚甸，蘆花雪又滿吳州。
蓴鱸橙蟹家鄉味，容易懷人負好秋。

〈秋懷詩十六首並序〉之十三

（二）曾經聯榻

這一回，一開場講小桂子跟隨小玄子到慈寧宮，驚覺太后竟然未死，便生起出宮逃命的念頭。但是關心好朋友小玄子的安危，怕他被太后的化骨綿掌害死，便將自己不是太監、如何害死真小桂子、毒瞎海大富，以及老皇爺（不過三十來歲）其實未死的重大機密，一股腦地告訴小玄子。當時小皇帝便叫小太監坐在床沿說話：

韋小寶道：「不忙比武。有一件機密大事，要跟我好朋友小玄子說，可是決不能跟我主子萬歲說。皇上聽了之後，就要砍我腦袋。小玄子當我是朋友，或者不要緊。」康熙不知事關重大，少年心情，只覺得十分有趣，忙拉了他並肩坐在床沿上，說道：「快說，快說！」……

榻即是床，可睡可坐。接著康熙要假小桂子解開褲子，驗明正身，又掘出了假宮女鄧炳春的屍首，便決定派不是太監的韋小寶出京，上五台山查探父皇是否仍然在世。上句既說此事，同時又講方怡和沐劍屏「關心」韋小寶，畢竟二女也曾在他小屋中聯榻。

下句講韋小寶一人上路的心情：

韋小寶想到便要跟她們分手，不禁黯然，又想孤身上路，不由得又有些害怕。從揚州來到北京，是跟茅十八這江湖行家在一起，在皇宮之中雖迭經兇險，但人地均熟，每到緊急關頭，往往憑著一時機警而化險為夷，此去山西五台山，這條路固然從未走過，前途更是一人不識。他從未單身行過長路，畢竟還是個孩子，難免膽怯。一時想先回北京，叫高彥超陪同前去五台山，卻想這件事有關小玄子的身世，如讓旁人知道了，可太也對不起好朋友。

這個特別任務實在很危險，是為「輕命江山博壯遊」。韋副總管吃了太后派來那幾個侍衛施放的蒙汗藥，幸得陶姑姑出手相救，否則便要去見「海桂棟」了！至於陶姑姑說出《四十二章經》的大秘密，則沒在回目中提及。

（三）原詩

原詩作於康熙十九年庚申（一六八零），查慎行時年三十有一，時值三藩之亂的尾聲，韋爵爺正在通吃島享福，查詩人則在楊雍建幕中。詩人因景而憶友人，朋友聯塌共話，若落在今日「基活動家」（gay activists）手中，又會被誣蔑成喜好男風了。

甸是郊外。蘆花是蘆葦的花，花穗呈紫色，原本與雪扯不上關係，但蘆葦花下有白毛叢生，看上去似花，因此常被誤為蘆花，其實該是蘆絮。蘆花雪就是形似蘆絮的雪。

補充資料：

黃馬褂

這一回小玄子讓小桂子當上瑞棟留下的空缺，即是「御前侍衛副總管」，還欽賜了「黃馬褂」，「御前侍衛總管」多隆也未得此殊榮。

實情是所有御前侍衛「上班」時都要穿黃馬褂，這本來就是御前侍衛的「制服」，讓大家一目瞭然，身穿黃馬褂的親信武官才可以走近皇帝身旁。多隆既是正一品的「領侍衛內大臣」，當然也可以穿此「制服」。清中葉以後，經常賜黃馬褂給功臣，讓他們可以在任何公開場合穿著，大出風頭。

第十六回：粉麝餘香啣語燕，珮環新鬼泣啼烏

（一）再由〈詠史〉

轆轤綆斷井應枯，礚主休傷押不盧。
粉麝餘香啣語燕，珮環新鬼泣啼烏。
殘粧掩鏡雙蛾短，白骴埋沙尺土無。
別有紅粧連騎入，金盤銀燭揀明珠。

〈詠史八首〉之三

（二）燕語、鬼話

這一回，先寫方怡姊姊的師哥劉一舟來找韋香主的晦氣，卻給小鬼使蒙汗藥迷倒，大肆凌辱。正所謂：「愛情誠可貴，生命價更高。」親親劉師哥好漢不吃眼前虧，為保性命，只好親口說方師妹是韋香主的夫人，日後「多瞧一眼」，便是「烏龜王八蛋」。

回目聯句卻不提及此事，上句指韋小寶與方怡、沐劍屏喁喁細語、耳鬢廝磨的綺旎風光。天地會與沐

王府一行七人上路，天地會是青木堂的韋小寶和徐天川，沐王府是吳立身、敖彪、劉一舟、方怡和沐劍屏。七人在破廟避雨，韋小寶與二女耳語，將劉一舟當作外人，沐劍屏坐在韋方二人中間傳話：

……方怡白了他一眼，向沐劍屏道：「我發過的誓，賭過的咒，永遠作數，叫他放心。」沐劍屏又將話傳過。

韋小寶在沐劍屏耳邊道：「方姑娘跟我是自己人，那麼你呢？」沐劍屏紅暈上臉，呸的一聲，伸手打他。韋小寶笑着側身避過，向方怡連連點頭。方怡似笑非笑，似嗔非嗔，火光照映之下，說不盡的嬌美。韋小寶聞到二女身上淡淡的香氣，心下大樂。

麝香是名貴藥材、重要香料，文中「淡淡的香氣」幾字，於是上聯的頭四字便有了著落：美貌女子細聲說話，自是「鶯啼燕語」了。

接著引出神龍教章老三一夥，七人一敗塗地，給押到莊家大宅。後來韋香主的大小老婆怡姊姊和小小老婆劍屏妹子失陷，換回一個小妾「雙兒夫人」（下一回出場），以韋相公的偏心，自然覺得很划算。起初大家都以為「明史案」的寡婦是女鬼，本回結尾時莊家三少奶審問韋小寶殺鰲拜之事，下聯即說此事。

（三）蒙汗藥？

詩中又有一個冷僻字「[illegible]」，字書上說讀音為「居拜切」，解作「上衣」。原詩作於康熙二十年辛酉

（一六八一），查慎行時年三十有二，三藩之亂在這一年完結。這一系列〈詠史〉，共有兩首的詩句成為《鹿鼎記》回目。

轆轤是井上的汲水用具，用滑輪原理；綆就是汲水所用的繩子。

「押不盧花」是蒙古語，有人認為就是曼陀羅花，這種植物有麻醉作用，可能就是蒙汗藥的材料。這一回韋小寶以蒙汗藥對付劉一舟，何其巧合！

骴是連著腐肉的骸骨。大戰亂之後，戰敗方的女眷難有好下場。所以「雙蛾短」變成「珮環新鬼」。至於原來的金銀珠寶，自然「別有紅粧」來接收。

第十七回：法門猛叩無方便，疑網重開有譬如

（一）讀經黑風白月中

投我三章比梵魚，初機未契且留餘。
法門猛叩無方便，疑網重開有譬如。
萬劫黑風迴客夢，一輪白月到吾廬。
此中何句堪酬對，翻怕匆匆索報書。

查慎行〈補思再疊魚字韻見寄，經秋乃到，再次答二首〉之二

（二）猛叩疑網

這一回，寫韋相公帶著新收的小婢雙兒上道，去山西清涼寺查探老皇爺是否仍在人世，有了新丫頭，便把大小老婆方怡怡姊姊、小小老婆沐劍屏好妹子拋諸腦後。雙兒既是小丫鬟，也是女保鏢。有錢好辦事，僱了一班人去借做法事為名，查探老皇爺為實。不過那住持澄光和尚卻是「嫌錢腥」，說他們是禪宗，經懺法事要找淨土宗，不肯接韋公子的生意。

韋小寶唯有出第二招，說要布施僧衣僧帽，乘機要面見全寺所有僧人，結果還是見不到老皇爺。上聯即說此事，用盡方法猛叩法門，澄光和尚卻不予方便。「法門」原指修行者入門的途徑，「方便」指佛家用不同方式勸誘人信佛，都是佛家語。在這裡語帶相關，除了原意之外，法門又指清涼寺的「門」，「方便」則是日常的解法。

然後是佛光寺的心溪方丈，帶了皇甫閣和西藏來的巴顏喇嘛等幾十個人到來，說要找個小喇嘛，其實用意與韋小寶一樣，就是要見寺中所有僧人，乘機劫持順治老皇爺。韋小寶聰明伶俐，一眼便看出這皇甫閣認得老皇爺，足以證明老皇爺就在此間，那是「疑網重開」，差不多可以確定。

（三）佛家語不易解

原詩作於康熙四十年辛巳（一七零一），查詩人時年五十有二。「比梵魚」不知是甚麼。看來這詩是講查慎行與「補思」這個詩友答和，說佛家語不容易領悟。金庸選的聯句就是這個意思。

第十八回：金剛寶杵衛帝釋，彫篆石碣敲頭陀。

（一）古鼎歌

昆明土灰識燒劫，銅仙淚雨收滂沱。
城中故物僅留此，坐閱人代成飛柯。
金剛寶杵衛帝釋，彫篆石碣敲頭陀。
殘僧近前為指點，詞客好事空吟哦。
吁嗟兮！滄桑變易等閒耳，區區一物奚足多。

查慎行〈荊州護國寺古鼎歌〉（節錄）

（二）古體詩

這一回，寫韋小寶在山西五台山清涼寺遇上小玄子的老爸，順治老皇爺行癡大師，打敗了來劫持老皇爺的一伙。然後神龍教的胖頭陀出場，韋小寶胡亂吹牛，拿石碣的文字大做文章，騙胖頭陀說碣文講了八部《四十二章經》的下落，然後得到少林派十八羅漢之助，取回老皇爺交下來的正黃旗《四十二章經》。

並為劇情發展下去、下一回神龍島之行鋪路。

回目詩句上句寫行顛護主，下句寫胖頭陀被騙。帝釋指順治，而行顛和尚就是用一條粗重的杵作武器；韋小寶不識字，看著石碣的篆文吹牛，輕易把胖頭陀騙倒。

作者在註文中說：「本回回目錄自查慎行古體詩，平仄與近體律詩不同。」

（三）三聯之一

原詩作於康熙十八年己未（一六七九），吳三桂已經於上一年病死。

金庸在這首〈荊州護國寺古鼎歌〉裡面選了三聯作為《鹿鼎記》的回目，這是出現的第一聯，在原詩中卻是最後，上引的部份就是原詩最後幾句。

詩中「銅仙淚雨」用魏明帝拆取漢武帝捧露盤仙人的典，《三國演義》第一百零五回〈武侯預伏錦囊計，魏主拆取承露盤〉的下半，便是講這件事。唐代號稱鬼才的詩人李賀有一首〈金銅仙人辭漢歌〉：

茂陵劉郎秋風客，夜聞馬嘶曉無跡。書欄桂樹懸秋香，三十六宮土花碧。
魏官牽車指千里，東關酸風射眸子。空將漢月出宮門，憶君清淚如鉛水。
衰蘭送客咸陽道，天若有情天亦老。攜盤獨出月荒涼，渭城已遠波聲小。

漢武帝的陵叫茂陵，茂陵劉郎便是指他。

改朝換代，前代的財物寶貝，任由後代君主擺佈，也是歷史的必然規律。

第十九回：九州聚鐵鑄一字，百金立木招群魔

（一）大屠殺

中軍但思挺鹿豕，列陣孰肯領鸛鵝。
九州聚鐵鑄一字，百金立木招群魔。
腰間大弓肅肅羽，掌上利劍霍霍磨。
濕梢積屍填巨壑，洗城漂血生盤渦。

查慎行〈荊州護國寺古鼎歌〉（節錄）

（二）英雄至此皆出錯

這一回的回目聯句詳加解釋，原詩上句講羅紹威後悔屠殺精兵的故事，下句借用商鞅「一諾千金」的典。韋小寶的錯在於「英雄難過美人關」，不過這種騙局實在很難抗拒。然而方姑娘怡姊姊其實也鑄成大錯，流露出不敬家姑的意識。叫人想起民國第一任大總統袁世凱，袁氏行錯一步，身敗名裂，被評為「竊國大盜」。卻說袁世凱的母親也是一度流落風塵，與韋小寶有點相似，只不過後來從良，所以跟大清鹿鼎

公韋不知生父是誰完全不一樣。袁氏的正妻曾經有一次說話無意中冒犯了老爺，或許是觸動到袁氏母親出身問題的隱痛，此後一輩子要與正妻做掛名夫妻！

所以方姑娘在車中露出了看不起在妓院中人的心意，怕會成為韋公爺心中的一根刺。因為這個緣故，連帶我「潘第二」也鑄成大錯。事緣查大俠發放虛假資訊，說要在新三版給韋公爺幾頂綠頭巾，有傳媒來問誰會出牆，「潘第二」受了誤導，便點了怡姊姊是一個。結果當然陷入查大俠的圈套之中，忽然食言自肥不改了，叫我上了一個大當！

查大俠說韋小寶鑄成大錯，其實真正鑄成大錯的該是胖頭陀和陸高軒，書中也有他們二人後悔的描述。下聯的「百金立木」則是說神龍教教主洪安通發誓不再追究老兄弟背叛一事，相約不得再提，後來黃龍使殷錦破誓，即時被洪教主處決。不過守諾的神龍教高層最後還是同歸於盡。

這一回最後小白龍成為白龍使，還學了美人三式和英雄三式。

(三) 鹿豕能守陣、鶴鵝會高飛

這首詩先前介紹過，上引幾句比上一回回目的〈金剛寶杵衛帝釋，彫篆石碣敲頭陀〉早出。主帥寧願用鹿豕也不用鶴鵝，相信是為了鹿豕雖笨，不會如鶴鵝那樣隨時可以開小差，離隊遠走高飛。上引最後兩句則寫戰場上殺戮之慘。

第二十回：殘碑日月看仍在，前輩風流許再攀

（一）次韻石刻詩

但令興到便登山，路轉凫鷖第幾灣。
福地自留蒼翠外，閒身偏在亂雜間。
殘碑日月看仍在，前輩風流許再攀。
五百年來如轉盼，知從何處證無還。

查慎行〈再游德山為雨雪所阻，留宿乾明方丈，次石間周益公石刻舊韻二首〉之一

（二）前後呼應

這一回，續寫韋小寶受方怡所騙到了神龍島後的奇遇。卻原來高高瘦瘦的胖頭陀把韋小寶胡說八道的謊話當真，以為五台山上石碑的文字真的講及八部《四十二章經》和洪教主。回目聯句的上句即講這個碑文，下句的前輩自是指武功高強的神龍教主洪安通，他看見夫人給新任白龍使韋小寶傳授「美人三招」，便即與創制「英雄三招」出來。

當然中間還有一幕驚心動魄、出人意表的叛亂，回目聯句就不能兼顧了。韋小寶在天地會學個乖，知道以自己的本事，不能做甚麼領袖，青木堂香主原本是個傀儡，只因他一再立功，才越坐越穩。因此他很果斷的不做「韋教主」，也不幫助英雄好漢無根道長，調解了教主和老兄弟之間的矛盾，一切就「外甥提燈籠」——照舊，仍是洪教主的神龍教。

金庸先前安排茅十八給韋小寶杜撰一個小白龍的外號，不知是否早有部署呢？抑或寫到神龍教的時候才按著劇情發展來安排呢？這個就只有請教查大俠本人才有答案。於是一再犯錯的黑龍使張淡月過關，頂撞教主和夫人的赤龍使無根道人過關，以下犯上的青龍使許雪亭也過關，白龍使鍾志靈（舊版叫張志靈）一出場就要歸天讓位。

這一回把韋公爺日後的小妾蘇荃、即此時的洪夫人描寫成一個很會勾引男人的美女，修訂二版說她二十三四歲，手頭上的舊版卻是二十八九歲，年輕了幾年，不知新三版還改不改。至於風流二字，也可以說是形容洪教主伉儷情深，不過到了後來金庸才揭發出那是門面功夫。

（三）山、灣、間、攀、還

原詩是查慎行早期的作品，作於康熙十九年庚申（一六八零），共有兩首。游山遇雨雪，原本計劃一日的行程變了要過夜留宿，因見有石刻題詩，便按著來次韻。

第二首是：

城外清江江上山，依然白浪捲蒼灣。
雪飄燈事闌珊後，春到梅花淺淡間。
竹樹一丘迷出入，樓臺幾處記躋攀。
茶煙芋火前因在，信宿留人未遣還。

次韻詩的句腳要與原作相同，兩首都有山、灣、間、攀、還幾個字，不知原來石刻上的詩是怎生模樣？金學研究是否要去到這個程度，跑去德山尋覓查詩人（是初白公不是良鏞公）當日見過的殘碑？日月仍在否？可得再攀？

後記：

新三版將洪夫人的年齡再改為「二十二三」。

國森記

第二十一回：金剪無聲雲委地，寶釵有夢燕依人

（一）尼姑和尚一家人

中山女尼顏如玉，布襪青鞋行彳亍。白日潛形灌莽中，逢人不敢吞聲哭。
自言生長本名家，阿父才名宋玉誇。千里飄飄隨遠宦，一家迢遞入三巴。
養成嬌女嬌無偶，掌上明珠唾隨口。花前待妾盡知書，鏡裡新粧時學母。
自從觀察去朝天，官署清涼遂可憐。寇盜西南俄阻隔，彗氛狼鬣掃東川。
孤兒寡婦皆臣僕，翠袖搴蘿行補屋。賣散平頭計漸貧，嫁分紅粉身何獨。
飄零無賴到南遷，夫婿移家遠入滇。幾夜新婚成永訣，旋收戰骨葬江邊。
早年淪落多關命，石上三生眼前證。便遣情緣著死灰，行依心月開圓鏡。
小鬟何意尚隨身，宛轉青絲手共分。金剪無聲雲委地，寶釵有夢燕依人。
扶攜同向中山寺，改口人前喚師弟。別與繙經起法名，慶光舊是閨中婢。
皓齒明眸無比丘，久拚生死等浮漚。香燈繡佛前因在，從此相依擬白頭。
晨鐘暮鼓流光易，荏苒今年三十二。骨肉深恩且勿論，滄桑時局關何事。

何當六詔又屯師，十月孤城乍解圍。將軍奏凱功無敵，悍卒搜牢勢不支。
移巢拔穴驅人起，但是有身無避理。一朝蓄髮強同行，幾度剸刀猶不死。
歸程昨夜次偏橋，哀角吹殘令寂寥。卻喜道傍俄見棄，草間趺坐度清宵。
同行偶傍江東客，指點雲山曉來跡。雙江暫擬尋同伴，半路又驚逢邏卒。
太守呼來淚未乾，含啼一一語悲酸。亂來莫說為官好，兒女姻親那得完。
夢裡生還愁故鄉，依稀記得萊陽是。已作昆明劫後人，託根何必仍桑梓。
君不見列帳西來珠翠圍，匆匆粉鏡去合飛，不知皂帽天涯住，何似紅裙馬上歸？

查慎行〈中山尼〉

（二）對仗工整

這一回的回目聯句很工整，「金剪無聲雲委地，寶釵有夢燕依人」。金剪對寶釵，無聲對有夢，雲委地對燕依人。

《笑傲江湖》長江雙飛魚之一有一名句，說「尼姑和尚一家人」。這一回的回目，金庸用尼姑的詩來喻示韋小寶將要做和尚。

這一回寫建寧公主出場，是第五個出場的老婆，先前四個依次為沐劍屏、方怡、雙兒和洪夫人蘇荃。回目上句寫韋小寶給公主「諸葛火燒藤甲兵」弄得「頭髮眉毛都給燒得七零八落」，便剪了一個太監的頭髮給他：

康熙從書桌上拿起一把金剪刀，走到四人身後。四人又略略側身。康熙看了看四人的辮子，見其中一名太監的辮子最是油光烏亮，左手抓住了，喀的一聲，齊髮根剪了下來。那太監只嚇得魂飛天外，當即跪倒，連連叩頭，道：「奴才該死，奴才該死！」康熙笑道：「不用怕，賞你十兩銀子。大家出去罷！」四人莫名奇妙，只覺天威難測，倒退了出去。

雲即是頭髮，如《木蘭辭》：「當戶理雲鬢」，好看的頭髮要用雲來比喻。詩句說無聲，結果仍是「喀的一聲」。

下句寫建寧公主性格中不為人知的一面。

寶釵指公主，「韋小寶見這少女十五六歲年紀，一張瓜子臉兒，薄薄的嘴唇，眉目靈動，頗有英氣。」

有夢當指出人意表的奇遇，韋小寶給毒打昏倒，後來又發覺以往一直要將自己致諸死地的太后老婊子竟然是自己的部下。

至於小鳥依人的燕子，自然是公主做主子做膩了，要做奴才時的模樣，對「桂貝勒」千依百順。

（三）戰爭詩

原詩寫於康熙二十一年壬戌（一六八二），查詩人時年三十三。

中山尼幼年隨父入蜀，薄命紅顏，因戰亂而破家，後來嫁夫，夫又戰死，不得已與小鬟一起在中山寺出家。到了三藩之亂，又被兵卒所擄，強迫蓄髮，戰亂中又被棄。最後的結果是不願再回桑梓，寧願留在雲南做其「昆明劫後人」。

師弟不是金庸小說中的慣常用法，書中通常說同門學藝而入門較遲的男子，如令狐沖是岳不群第一個弟子，以後入門的男弟子都是他師弟。詩句中的師弟卻是兩個人，師是師父、弟是弟子。中山尼是師、丫鬟是弟。

六詔是唐代時的名稱，就在雲南。

補充資料：

公主的種類

這一回建寧公主出場，小查詩人安排她是假太后毛東珠與瘦頭陀的私生女，不是順治老皇爺的女兒。《幼學故事瓊林》：「帝女乃公侯主婚，故有公主之稱。」因為天子至尊，嫁女不自主婚，交由公侯代辦。

不過公主亦有多種。《明史．公主列傳》：「明制，皇姑曰大長公主，皇姊妹曰長公主，皇女曰公主。」建寧公主既是小玄子之妹，就是「長公主」，不過的真正吳應熊老婆實是順治老皇爺之妹、小玄子之姑姑，所以到了康熙朝她其實應是「大長公主」。

第二十二回：老衲山中移漏處，佳人世外改粧時

（一）荷花詩

菱角雞頭漸滿池，亭亭獨擻出塵姿。
難留雨露珠頻瀉，自拔泥汙性不緇。
老衲山中移漏處，佳人世外改粧時。
白頭相對歸心切，欲捲江湖入小詩。

查慎行〈自怡園荷花四首〉之四

（二）老師姪與綠衫老婆

這一回，韋小寶遇上最後兩個老婆。先是王屋派的曾柔，王屋派的一夥突襲驍騎中軍「賭帳」，生擒韋副都統，但是給同時是神龍教白龍使的韋大人一招「貴妃回眸」反敗為勝。這一場賭局，最大的收益不是拿得元義方，而是贏得曾柔曾姑娘的芳心。但是，曾柔始終是跟出跟入的普通配角，所以回目聯句也不說及這一個贏得小老婆的賭局。

然後在少林寺代皇帝出家，巧遇那美得叫人一見鍾情的綠衫女郎，還害得人家揮刀自盡，好在死不去。

老衲是少林派的澄觀老師姪，佳人是韋公爺的元配夫人阿珂。

澄觀老師姪這個人物十分有趣，向來較多讀者將澄觀老師姪當成不知變通，大概是受了晦明小師叔和倪匡倪大師的影響：

韋小寶心想這老和尚拘泥不化，做事定要順著次序，就算拈花擒拿手管用，至少也得花上十幾年時候來學。這老和尚功力深厚，似乎不在洪教主之下，可是洪教主任意創制新招，隨機應變，何等瀟灑自如，這老和尚卻是呆木頭一個……

其實老師姪一點都不拘泥，只因小師叔要不用內功對付美貌姑娘，如果老師姪自己出手，用一指禪就是了。

「山中移漏」借喻澄觀老師姪七十餘年不出寺門：

他不知澄觀八歲便在少林寺出家，七十餘年中潛心武學，從未出過寺門一步，博覽武學典籍，所知極為廣博。……

澄觀潛心武學，世事一竅不能，為人有些癡癡呆呆，但於各家各派的武功卻分辨精到。文人讀書多而不化，成了「書呆子」，這澄觀禪師則是學武功成了「武呆子」。他生平除了同門拆招之外，從未與外人動過一招半式，可是於武學所知之博，寺中群僧推為當世第一。

所以金庸的評語也有誤導，老師姪只是不通世事，後來與九難交手，雖然輸了內力，也總算沒有失了少林派的威風。

佳人世外改粧時卻不是一件事，佳人是「綠衫老婆」。世外改粧時則是韋小寶閒極無聊亂走，去到妓院，又被藍衫綠衫兩女郎追殺，被迫改裝逃命。

（三）又有冷僻字

原詩是查詩人在康熙三十九年庚辰（一七零零）所作，詩人時年五十有一。

詩中有一個冷僻字「摟」，「小玄子字典」才有，解作「執也」，「推也」。

第二十三回：天生才士定多癖，君與此圖皆可傳

（一）人、圖、詩

買書分俸論千卷，種樹成陰待十年。
借問膠西富桑棗，何如潁尾長風煙。
天生才士定多癖，君與此圖皆可傳。
獨有吾詩真被壓，更無一句敵坡仙。

查慎行〈題西齋圖二首，圖為王石谷作〉之二

（二）阿耨多羅三藐三菩提

這一回先寫晦明小師叔帶著不通世務的澄觀老師姪到外面碰運氣，看看能不能遇上那綠衫女郎。老師姪幾十年沒有出過外面走走，竟說：「這許多松樹生在一起，大是奇觀。我們般若堂的庭院之中，只有兩棵……」讀者至此，一定覺得很有趣，要佩服金庸的妙筆。

後來終於把「綠衫老婆韋門搖氏」生擒攜入寺中，倪匡先生曾提出過韋小寶的匕首和背心的矛盾，這

一回有了答案，金庸筆下是以匕首勝過背心，結果韋副都統便險些給未過門的老婆「謀殺親夫」。韋大人也發下毒誓，非要娶到眼前的美人兒不可。結果澄觀老師姪因為受了小師叔的誤導，給武功低劣的女施主嚇得暈了過去。接下來便是藍衫女郎帶了葛爾丹王子一夥人來找晦氣，再引出晦明小師叔的「禪機淵深」、「宿根深厚、大智大慧」，叫澄觀老師姪佩服得五體投地，歡喜讚嘆，認為小師叔「他日自必得證阿耨多羅三藐三菩提」！金庸特意不解釋這個長長的名詞，實在高明，這「阿耨多羅三藐三菩提」梵文是anuttara samyak sambodhi，意譯為「無上正真道」或「無上正等正覺」，意指最高明、正確、完全的覺悟，就是成佛了。

但是回目聯句卻不講這些，上句「天生才士定多癖」說得籠籠統統，可以理解為澄觀老師姪的武癖、小玄子繪畫的才華（金庸說他「雅擅丹青」），更可以理解為「韋大才子」對綠衫美人的愛癖。下句則是說小玄子明知小桂子不識字，只可以用圖畫傳情達意。四幅圖畫傳達了吩咐晦明僧住持清涼。

（三）此傳不同彼傳

查詩人原詩作於康熙五十一年壬辰（一七一二），詩人時年六十有三，年過花甲，小玄子和小桂子都已是五十多歲的中年人，在他們身處的時代，已經算是老人。

原詩說畫家和圖都可以傳世，獨是擔心自己的詩句不如蘇東坡。但是好在查詩人後代出了一位二十世紀中國最偉大的文學家、小說家，因為他的緣故，查慎行這一位中國詩壇第二流的人物（查大俠的評語是清代第一流，置之唐宋是第二流），才有更多人認識。

膠是膠縣，穎是穎川。

補充資料：

馬寶的下場

這一回有吳三桂麾下名將馬寶出場，馬寶只說了幾句話，以後戲份更輕。

《清史稿》：「三桂諸將，馬寶、王屏藩最驍勇善戰。」馬寶在明末是流寇，後來歸順南明桂王，吳三桂擒桂王後又降清，後來又附三桂叛清。戰敗又降清，給押解到北京，磔刑處死。磔，即是肢解。

第二十四回：愛河縱涸須千劫，苦海難量為一慈

（一）哭姪詩

爺歸端為汝求師，已是秋來上學期。
每為杜家誇驥子，忽驚白老失龜兒。
愛河縱涸須千劫，苦海難量為一慈。
得似旁人強相勸，不禁老淚亦交垂。

〈德尹止一子，初生時余名之曰阿頤，六歲而殤，三詩哭之〉之二

（二）非關綠衫老婆

這一回，寫韋小寶這位小高僧晦明禪師奉旨住持清涼寺，點了少林派澄字輩三十六個老和尚，一同去保護老皇爺小玄子的爸順治帝行癡禪師。幾千個西藏喇嘛要劫持晦明僧俗世老闆的父親，有分教：「五台山和尚鏖兵，青廟僧大戰喇嘛。」不過這句話不該出自韋香主白龍使副都統副總管之口，這個「鏖」字未免太深！

行癡和尚要自焚贖罪，結果小桂子再出奇謀，以住持的身份指揮起主子的老爸，化險為夷，立了大功。小玄子終得與父親重聚，作者借康熙韋小寶君臣的對話，補敘一些背景資料，然後皇帝升了韋小寶的官，忽然間奇峰突起，出了白衣僧行刺小玄子，說「今日為大明天子復仇」，未免找錯了對像！但是這一幕的描述實在非常精采，「世上竟有如此人物」，三十六僧之中，唯有澄觀老師姪能與刺客對上一掌。

回目聯句與內容似乎不大對題，當年第一個印象，倒是把上句聯想到小惡僧對綠衫老婆的思念，晦明方丈把垂柳當作老婆的手，抓住不放，惹得幾個喇嘛嘲笑。

後來找到查詩人（是查慎行非查良鏞）的原句，這聯句便該講行癡老皇爺最終決定與「癡兒」相見。父子之愛還不是幾年出家修為能夠盡去，難免父慈子孝一番。

（三）老年喪子

查詩人原詩作於康熙四十年辛巳（一七零一），剛好是十八世紀的第一年，詩人時年五十有二。這一年查詩人作《初白菴圖》，取蘇東坡詩「身行萬里半天下，僧臥一菴初白頭」的典，便以初白為號。查詩人（良鏞）在《鹿鼎記》第一回講及小時候長輩談及查慎行，都稱之為「初白太公」。本欄讀者對這「身行萬里半天下」必不陌生，《倚天屠龍記》第二冊的印章就用了這句詩。

德尹是查慎行的二弟嗣瑮的別字，時年五十。前人說少年喪親、中年喪偶、老年喪子是人生的大悲哀，古人五十歲已經算踏入老年。

「杜家驥子」用杜甫詩〈遣興〉的典：

驥子好男兒，前年學語時。
問知人客姓，誦得老夫詩。
世亂憐渠小，家貧仰母慈。
鹿門攜不遂，雁足繫難期。
天地軍麾滿，山河戰角悲。
儻歸免相失，見日敢辭遲。

學語的小兒能誦詩聖的詩，當然是天資聰穎了。

「白老龜兒」則是白居易兄弟的典，龜兒是白居易弟白行簡的兒子。白氏兄弟友愛過人，伯父用心教導姪兒成材。

查詩人以家長的身份為姪兒命名，小孩不幸夭亡，伯父自然要老淚交垂。

補充資料：

清代皇帝的出入扈從

這一回小查詩人寫韋副都統在金閣寺「候駕」，先上場的是十餘名便裝侍衛。

《清史稿．職官志》：「其出入扈從者，後扈人臣二人。御前大臣、領侍衛內大臣兼任。前引大臣十人。內大臣、散秩大臣、前鋒統領、護軍統領、副都統兼任。」可見小玄子到皇宮外走動，身邊有十二個大臣扈從，主要是一二品大員。

《欽定八旗通志．兵制志》：「豹尾班侍衛於三旗侍衛內選功臣後裔六十人，日以二十人直後右門。每乘輿出入，以十人執豹尾槍，十人佩儀刀，侍於乾清門階下左右。駕出，豹尾班侍衛殿於後，以領侍衛內大臣一人，侍衛班領二人統之。駕還宮，隨至乾清門，退歸直。」

這一回小玄子等人回到清涼寺，遇上白衣尼「為大明天子復仇」，多隆、察爾珠、康親王等未帶兵刃云云，有點靠不住。兩個後扈大臣官位最高，可見是心腹中的心腹，因為站在皇帝後面，如果立歪心，隨時可以置皇帝於險地。領侍衛內大臣是正一品武官，多隆是也；御前大臣則屬差不屬職，一般是王公大臣，老康是也。前引大臣有十個之多，走在前面就都在皇帝視線之內。察爾珠是都統，依例不作前引大臣，韋小寶是副都統倒可以。當白衣尼揮劍砍小玄子的時候，那十名豹尾班侍衛應要上前護駕。

《清稗類鈔．爵秩類》：「寺人不許干政，命內務府大臣監之，而內廷事務特設御前大臣，皆以內廷勳戚諸臣充之。無定員，凡乾清門內之侍衛司員歸其統轄。」寺人即是宦官，海大富、小桂子之流。「御前大臣」才算是「侍衛總管」。

《鹿鼎記》時代的正黃旗滿洲都統

小玄子要正黃旗都統察爾珠替換副都統韋小寶出家，又升韋小寶為都統。

事實上，清代制度重滿輕漢，漢人文武不相混，滿員卻可以同時身兼數職。經常有既是文官當大學士、尚書，又是武官當內大臣、都統。

在《鹿鼎記》時代，正黃旗滿洲都統實是圖海，他在順治十七年擔任此武職，直到康熙二十年逝世為止。他在康熙九年任中和殿大學士，也是做到死為止。文職為大學士，武職為都統，這在於滿員倒是甚為普遍。

第二十五回：烏飛白頭竄帝子，馬挾紅粉啼宮娥

（一）古鼎歌

烏飛白頭竄帝子，馬挾紅粉啼宮娥。
魯藏大盜竊寶玉，武庫烈焰燔琱戈。
玉魚晨穿赤蟻穴，金虎夜落毛蟲窠。
神焦鬼爛逃后羿，天驚石破愁皇媧。
王坤驚聽或滲漏，諸皋載紀從譏訶。

查慎行〈荊州護國寺古鼎歌〉（節錄）

（二）帝子與宮娥重逢

這一回，寫行刺小玄子的獨臂白衣尼竟然是前朝的長平公主，「晦明僧」用回太監小桂子的身份蒙騙她，師太竟然說：「你這孩子，說話倒也老實。」原來陶紅英宮娥姑姑還曾經服侍過公主，公主老人家又以超凡入聖的內力，收服了老婊子太后，破了她的化骨綿掌，為韋小寶除去一個心腹大患。原來這老婊子

太后是假扮的，本名叫毛東珠，真太后卻給藏起來。而最叫人喜出望外的，便是日思夜想的「綠衣老婆」竟然是師太的弟子，芳名阿珂，真是踏破鐵鞋無覓處，得來全不費功夫。更妙在有師太撐腰，不怕「阿珂好老婆謀殺親父」，明面是「最好永遠陪在師太身邊」，真正的心意是師太兩字為虛，阿珂兩字才實。

金庸對帝子兩字詳加解釋，不贅論。至於公主，《幼學瓊林》有云：「帝女乃公侯主婚，故有公主之稱。」回目的上句講白衣尼是公主，展露上乘輕功可以算「竄」如「烏飛」，但是並無白頭。下句則說陶宮娥再見主人，少不免哭哭啼啼一番：

陶紅英顫聲道：「你是……你是……」突然間擲下短劍，叫道：「公主，是你？我……我……」撲過去抱住白衣尼的腿，伏在地下，嗚咽道：「公主，今日能再見到你，我……我便即刻死了，也……也喜歡得緊。」

陶姑姑不是美女，與「紅粉」兩字不大相稱，更沒有馬。

（三）劫後紅粉

這首〈荊州護國寺古鼎歌〉是查詩人早期作品，全詩共有三聯給金庸選作《鹿鼎記》的回目，先前還有第十八回的〈金剛寶杵衛帝釋，彫篆石碣敲頭陀〉和第十九回〈九州聚鐵鑄一字，百金立木招群魔〉。

這段詩句緊接先前介紹「九州聚鐵」一聯時節錄的那幾句，續寫戰亂之後的景況。「帝子」要逃命，而「宮娥」只能留下來給騎馬的戰士搶奪，這些薄命的紅粉只有哭哭啼啼的份兒。

「魯藏」一句不知出自何典，「武庫」一句本欄談論「夜試倚天劍」時有介紹，不贅論，而后羿射日和女媧補天的故事亦是讀者耳熟能詳。然後王坤的《驚聽錄》記載唐末黃巢事。《諸皋記》則是段成式所作，金庸為《三十三劍客圖》配的短文中多次提及段氏的《酉陽雜俎》。

後記：

本欄指《詩詞金庸》，「夜試倚天劍」事在《倚天屠龍記》。

國森記

第二十六回：草木連天人骨白，關山滿眼夕陽紅

（一）登高詩

絕磴扳躋望已窮，忽穿鳥道入禪宮。
雲端方丈娑羅日，井底孤城觱篥風。
草木連天人骨白，關山滿眼夕陽紅。
興亡何與僧閒事，一角枯棋萬劫空。

查慎行〈九月同赤松上人登黔靈山最高頂四首〉之一

（二）化屍粉再建奇功

這一回，寫韋小寶給「阿珂老婆」引到荒山，要「小惡人」滾蛋，言語間得罪了老婆，老婆拿刀來砍，便急忙逃命。回到客棧卻見公主師太被幾個喇嘛圍攻，便用了江湖中下三濫的偷襲手法救了師太一命，立下大功。然後遇上情敵台灣鄭家的二公子鄭克塽，一路上受盡閒氣，為了在心上人面前逞英雄，只好硬著頭皮與眾喇嘛正面交鋒，憑著匕首、寶衣、化屍粉這三寶，連斃強敵。日後的拜把子大哥桑結喇嘛

要自斷十個指頭才保得住性命。回目聯句就只講最後一小段：

……（阿珂）只見兩名喇嘛臉上肌肉、鼻子、嘴唇都已爛去，只剩下滿臉白骨，四個窟窿，但頭髮、耳朵和項頸以下的肌肉卻尚未爛去。

……

白衣尼緩緩站起，阿珂扶著她走到兩名喇嘛身旁，自己卻閉住眼不敢再看。白衣尼見到這兩個白骨骷髏，不禁打一個突，再見到遠處又有三名喇嘛的屍體，不禁長歎，抬起頭來。此刻太陽西沉，映得半邊天色血也似的紅，心想這夕陽所照之處，千關萬山，盡屬胡虜，若要復國，不知又將殺傷多少人命，堆下多少白骨，到底該是不該？

「草木連天」是沒有的。至於下聯則是潤飾內文來遷就聯句，由「白衣尼緩緩站起」，直至「到底該是不該」都是在修訂二版才新加的，舊版沒有「千關萬山」，也沒有夕陽「映得半邊天色血也似的紅」。

（三）是僧不是道

原詩作於康熙二十年辛酉（一六八一），查詩人時年三十二，隨貴州巡撫楊雍建到西南。鳥道指險絕難行的狹隘山道。娑羅樹原產印度，是可供建築用的木材。觱篥是如喇叭的樂器。詩中的「赤松」不是道家的赤松子，是一個同時代的「赤松上人」，否則不能跟老查同行。「上人」指有道高僧，若果是道士，就該稱呼為「赤松真人」。「草木連天」是登山才能見到的景色，韋小寶眾人藏身草堆，就談不上「草木連天」了。

第二十七回：滇海有人聞鬼哭，棘門此外盡兒嬉。

（一）詠吳三桂詩

大廷一意注安危，充國金城事不疑。
滇海有人聞鬼哭，棘門此外盡兒嬉。
古來成敗原關數，天下英雄大可知。
莫笑書生無眼力，與君終局試論棋。

查慎行〈詠史八首〉之八

（二）兒戲認錯了人

這一回，寫韋小寶立了大功之後，正式拜在白衣尼長平公主九難師太鐵劍門的門下，然後就是到河間府參加「殺龜大會」，即後來的「鋤奸盟」。

馮不破、馮不摧在《碧血劍》裡還是華山派中輩份最低的小腳色，至此已經成為「兩河大俠」，不過他們沒有正式出場，倒是他們的老爹華山派掌門人「八面威風」馮難敵有現身，韋小寶還誤會他是尼姑師父的老相好。散會之後便是天地會的下屬和多隆率領的御前侍衛兩夥人在韋小寶指使之下，大肆戲弄其情敵鄭克塽。天地會兄弟的面前說鄭二公子看不起天地會，侍衛兄弟面前，直接說他勾搭自己的相好。

金庸在這一回之後加註：

註：回目中「棘門此外盡兒嬉」一句，原為漢文帝稱讚周亞夫語，指其軍令森嚴，其他將軍所不及，原詩詠吳三桂殘暴虐民而治軍有方。「棘門」即「戟門」，亦可指宮門，本書借用以喻眾御前侍衛出宮胡鬧。

眾侍衛另一胡鬧，則是認錯了人，見到沐王府的小公爺沐劍聲與年青女子同行，便去找他們麻煩，韋副總管及時澄清，才找到正主兒鄭克塽。天地會青木堂的兄弟總算是台灣鄭家的部下，沒有真正的痛打鄭二公子，但是御前侍衛則如狼似虎，打得鄭公子鼻血長流。

（三）難免不很貼切

原詩作於康熙二十年辛酉（一六八一），查詩人時年三十有二。本詩共有兩聯給金庸選作《鹿鼎記》的回目，「古來」二句，是第七回的回目。這一組〈詠史〉詩除了這一首有兩付聯句入選之外，還有第三首的〈粉麝餘香啣語燕，珮環新鬼泣啼烏〉是第十六回的回目。

上句與吳三桂有關，便算與鋤奸盟也有關；下句講御前侍衛胡鬧，只是前後四批找鄭克塽與阿珂麻煩的第二批。這個聯句，可以借用金庸自己的話：「有些回目難免不很貼切。」下句還可，上句就差了些。

第二十八回：未免情多絲宛轉，為誰心苦竅玲瓏

（一）荷花詩

一片頗黎上下空，芙蓉城現水晶宮。
已離大地炎埃外，尚在諸天色相中。
未免情多絲宛轉，為誰心苦竅玲瓏。
雲烘日炙如相試，賴是清涼不待風。

查慎行〈自怡園荷花四首〉之一

（二）承接上回

這一回，故事發展承接上一回的結尾：

……饒是他機警多智，遇上了這等男女情愛之事，卻也是一籌莫展了。

「機警多智」就是「竅玲瓏」，「一籌莫展」就是「絲宛轉」和「心苦」。

第三伙毆辱鄭克塽的是沐王府「搖頭獅子」吳立身做領頭人，韋小寶把上一回多隆認錯了人圍攻沐劍

聲一事，推在鄭克塽的身上，於是鄭克塽又再捱打。除了公事之外，鄭克塽的另一個罪名是勾搭了天地會韋香主的夫人，吳二哥是忠厚老實的好人，便勸韋兄弟：

……（吳立身）道：「兄弟，天下好姑娘有的是，你那夫人倘若對你不住，你也不必太放在心上。」韋小寶長歎一聲，黯然無語。這聲歎息倒是貨真價實。

至於「宛轉」，還有阿珂師姊多番「軟語相求」：

韋小寶道：「好，你這樣沒良心。倘若有人捉你去拜堂成親，我可也不救你。」阿珂微微一驚，心想若真遇到這等事，那是非要他相救不可，幽幽的道：「你一定會來救我的。」韋小寶道：「為什麼？」阿珂道：「人家欺侮我，你決不會袖手旁觀，誰教你是我師弟呢？」

這句話韋小寶聽在耳裡，心中甜甜的甚是受用。

然後再有第四伙人毆打鄭二公子，就是平西王府的楊溢之，這一回韋公公便與楊大哥結拜。

（三）蓮子心苦

原詩作於康熙五十一年壬辰（一七一二），查詩人年六十三，《鹿鼎記》散場久矣。

我輩不是「識花之人」，便覺蓮、荷、芙蓉都是差不多，「心苦」當指蓮子的芯，蓮一身是寶，蓮子心是有清熱作用的中藥。頗黎即是玻璃，諸天、色相都是佛家語，《倚天屠龍記》開場的兩回有少林派的無色、無相兩位高手。

第二十九回：捲幔微風香忽到，瞰床新月雨初妝

（一）雨妝風月瞰床來

景物蒼茫感舊秋，還將筋力試重遊。
行穿下下高高路，題遍山山寺寺樓。
捲幔微風香忽到，瞰床新月雨初妝。
洗空塵土三年夢，一夜鳴泉傍枕流。

查慎行〈再宿來青軒〉

（二）送上門的風月

這一回，寫小玄子知道建寧公主是假太后「老賤人」與奸夫矮胖子肉團（即後來出場的瘦頭陀）所生，便將她遠嫁到雲南給吳應熊做老婆。回目聯句專指韋小寶被封一等子爵、賜婚使，結果一路上「白天做賜婚使、晚上做駙馬爺」一事，有風有月還有雨，有雨自必然要有雲，那麼「風月雲雨」都齊全了。

韋子爵心想：「公主雖不及我老婆美貌，也算是一等一的人才了。……」香與初妝都是指公主。微風

帶香捲幔而至、新月雨後初妝瞰床窺人，那是風與月自動送上門來，與劇情亦甚貼切。查大俠間中將天地會的高彥超筆誤為馬彥超，新三版要好好留意。

這一回還有鄭家兄弟爭位而引發馮錫範偷襲陳近南，又一次靠天地會青木堂小白龍韋香主的下三濫技倆救命，只「闢夫子」給馮錫範害死。另外韋兄弟好人做足，拿真的《四十二章經》換個封皮給康親王去應急，只是沒有告訴康親王他府上的經書正是韋兄弟當日順手牽羊拿了。但與風月雲雨相比，都是芝麻綠豆的小事，便登不上回目。

這一回講吳應熊給封為「三等精奇尼哈番，加少保，兼太子太保」，這個「精奇尼哈番」其實就是子爵，但是要到了小玄子的孫子乾隆做皇帝，才用漢字「子」代替滿字的「精奇呢哈番」，所以嚴格來說，小桂子也是「精奇尼哈番」。至於小玄子稱未被「平反」的多爾袞為「攝政王」也要改，因為他也是到乾隆朝才「恢復名譽」。

（三）只得鳴泉傍枕

原詩作於康熙二十五年丙寅（一六八六），查詩人時年三十有七，詩人自註：「山下有泉名甘露。」詩人在兩年之前曾到北京西北郊香山的來青軒，這回是重遊舊地，便作了此詩。

看來查詩人經過一天的勞累，早已筋疲力竭，眼前景物蒼茫，一個人孤單的感懷舊事而已。風與月不是專為詩人而來，香也不是女兒香，瞰床也是詩人的浪漫聯想，一場雨既洗淨來青軒一帶的塵土，也洗空詩人的夢，這一夜只有嗚泉傍枕，盡不似韋爵爺的風流快活。

補記：

小查詩人在新三版已將「馬彥超」全改回「高彥超」，但是不聽忠言的地方還有不少。所以筆者在二零一零年出版了《修理金庸》，介紹一些新三版仍未廓清的大小毛病。

國森記
二零一二

補充資料：

八旗旗主

這一回小玄子告知小桂子八部《四十二章經》藏有所謂大清龍脈的秘密，多爾袞將經書分賜八旗旗主，只有天子才知道其實是個大寶藏。

清人未入關前，有所謂「和碩貝勒」，即是「旗主貝勒」，享有「八分」的特權，努爾哈赤時代形同強盜，搶得奴隸牲口，由八旗「分贓」。

八旗旗主制度，在皇太極時代已經開始變質，首先在旗主之下，設立一個管理旗務大臣，兩個佐管大臣，後來演變為一名都統和兩名副都統。

順治老皇爺又以鑲黃、正黃、正白為上三旗，由天子自將；下五旗的諸王貝勒仍然可以直接指揮本旗人員。

到了小玄子時代，又命嫡系親王轉到下五旗，加強控制。但是旗主仍有不成文的特權，所以在小玄子晚年，各皇子為奪嫡而明爭暗鬥。

雍正帝時代，再限制下五旗的諸王貝勒只能支配「府屬佐領」，而大多數「旗分佐領」都歸皇帝直接控制。

第三十回：鎮將南朝偏跛鼈，部兵西楚最輕剽

（一）江州雜詠

依舊江關俯麗譙，居人指點說天橋。
戰迴左蠡軍容壯，鑿斷殘岡霸氣消。
鎮將南朝偏跛鼈，部兵西楚最輕剽。
自從血洗孤城後，九派空回寂莫潮。

查慎行〈江州雜詠四首〉之一

（二）跛鼈平西王

這一回，寫「老烏龜」吳三桂出場，平西王老烏龜有三桂之多，自然壓住了只得一小桂的小桂子賜婚使韋大人。

「跛鼈」是指吳三桂心狠手辣，把小桂子公公的拜把子哥哥楊溢之折磨得不似人形：

但見氈毯上盡是鮮血，韋小寶一驚，搶上前去，見氈毯中裹着正是楊溢之。但見他雙目緊閉，臉

上更無半分血色……徐天川輕輕揭開氈毯。韋小寶一聲驚呼，退後兩步，身子一晃，險些摔倒，錢老本伸手扶住。原來楊溢之雙手已被齊腕斬去，雙腳齊膝斬去。徐天川低聲道：「他舌頭也被割去了，眼睛也挖出了。」

「輕剽」則指平西王治兵有方：

……平西王屬下的兩名都統率領十名佐領，頂盔披甲，下馬上台前行禮。隨即一隊隊兵馬在台上操演。藩兵過盡後，是新編的五營勇兵，五營義勇兵，每一營由一名總兵統帶，排陣操演，果然是兵強馬壯，訓練精熟。韋小寶雖全然不懂軍事，但見兵將雄壯，一隊隊的老是過不完，向吳三桂道：「王爺，今日我可真服了你啦。我是驍騎營的都統，我們驍騎營是皇上的親軍，說來慚愧，倘若跟你部下的忠通營，義勇營交手，驍騎營非大敗虧輸，落荒而逃不可。」

吳三桂甚是得意，笑道：「韋爵爺誇獎，愧不敢當。小王是行伍出身，訓練士卒，原是本份的事兒。」只聽得號炮響聲，眾兵將齊聲吶喊，聲震四野，韋小寶吃了一驚，雙膝一軟，一屁股坐倒椅中，登時面如土色。

這一回還有韋小寶與吳三桂在書房中的對話，說及白虎皮和畫了老虎和黃鶯的屏風。又有劫持蒙古「特使」罕帖摩，與及偷取第八本《四十二章經》。

吳三桂爵封平西王，此時又鎮守雲南，正好借聯句中南朝與西楚來應景。

（三）無關變有關

原詩是查詩人作於康熙三十一年壬申（一六九二），詩人時年四十有三。查詩人的朋友在九江做官，請他過去，便寫了這組〈江州雜詠〉詩。江州即古時的豫章、潯陽，即是現代的九江。這地方白居易到過，《水滸傳》中宋江也到過。

原詩第二句之下，有詩人自註云：「明太祖破江州事。」江州是陳友諒與朱元璋爭天下時的老巢。第三句的左蠡是附近的一座山。

第四句之下，詩人又自註云：「東門外有天子堂，相傳劉誠意惡陳友諒都此勝地，故鑿之。」劉基，字伯溫，後封誠意伯。破壞敵人的風水，在《鹿鼎記》中也有陳述，就是後來韋小寶在洪教主面前亂說砲轟水龍。

第六句之下，詩人註云：「指左良玉、袁繼咸事。」就是查詩人良鏞借這聯句來說吳三桂。

查詩人慎行是大清子民，南朝便是指南明，左良玉、袁繼咸都是明末大將。袁繼咸曾經打敗老回回和革裏眼，這二人原本與金庸小說無關，但是新三版《碧血劍》加插了他們的戲份。李自成攻陷北京，韋小寶的師公崇禎皇帝的戲唱完了，福王在南京稱帝，左良玉鎮武昌，原本不肯效忠，因袁繼咸勸解，才肯受詔。這「跋扈」又與袁繼咸真的有關，當時南明政權要封高傑的官，袁繼咸便說：「跋扈而封，跋扈愈多。」

後來左良玉舉兵東下，要「清君側」，就是要對付《碧血劍》中馬公子（此人喜歡「同志」，給岐視「同志愛」的青青殘殺了）的叔叔馬士英。袁繼咸苦勸之，結果左良玉在關鍵時刻病死，兒子左夢庚降清，袁繼咸被執北去，不肯降而被殺。

第三十一回：羅甸一軍深壁壘，滇池千頃沸波濤

（一）登黔靈山詩

空谷西風晝怒號，山寒九月馬歸槽。
路危怪石驚號墜，天縱諸峰勢競高。
羅甸一軍深壁壘，滇池千頃沸波濤。
勞人何限登臨意，不向糟丘覓二豪。

查慎行〈九月同赤松上人登黔靈山最高頂四首〉之二

（二）做了真太監

這一回，先寫安阜園中的奇案，平西王世子吳應熊額駙涉嫌強姦自己未過門的妻子建寧公主未遂，錯手割下自己的卵蛋。這是「官方」非正式發佈的真相，實情是公主娘娘勾搭賜婚使，預先給額駙爺送贈綠頭巾，並為了維護「桂貝勒」頭上不變色，只好委屈小漢奸留下胯下兩顆彈丸。

然後是宮女王可兒行刺平西王爺失手被擒，由平西王府姑爺夏國相總兵上演耍弄欽差大臣的好戲，與

韋爵爺鬥嘴鬥智，結果韋大人欲救原配夫人阿珂，卻救錯了人，與小小老婆沐劍屏重逢。

這回目聯句的上句有查大俠自註：「羅甸在貴州省中部，吳三桂駐有重兵。」連同下句與故事內容沒有太大的關連。相傳明太祖朱元璋曾微服出遊，給閹豬戶送上一聯，曰：「雙手劈開生死路，一刀割斷是非根。」下句似乎可以借過來，可惜小查詩人（良鏞）對《鹿鼎記》回目聯句的要求嚴格，不集句，而且只選老查詩人（慎行）的聯句，那就只能對付著使用。

這一回講吳三桂的故事，羅甸和滇池都是他平西王的勢力範圍。上句講軍旅的守勢靜態，下句可以當作描述舉兵興風作浪，那也可以說形勢如劍拔弩張，大戰一觸即發。

如果要與「波濤」扯上關係，恐怕只有吳應熊帶到安阜園的水龍隊：

> 這時園子西南角和東南角都隱隱見到火光，十幾架水龍已在澆水，水頭却是射向天空，一道道白晃晃的水柱，便似大噴泉一般。

（三）再次入選

原詩作於康熙二十年辛酉（一六八一），查詩人時年三十二，身在貴州。這組詩第一首的「草木連天人骨白，關山滿眼夕陽紅」給選作第二十六回的回目。

糟是釀酒的副產品酒糟，糟丘是酒糟堆積成山，比喻沉溺於杯中物。二豪是誰，則因讀書不多，不知是何所指。

補充資料：

夏國相的下場

夏國相的戲份比馬寶多，其實際權位亦比馬寶高。下場與馬寶一樣，磔刑處死。

小玄子曾經向夏國相招降，戰敗之後才投降，當然是死路一條。

第三十二回：歌喉欲斷從絃續，舞袖能長聽客誇。

（一）金谷筵開

朱門榮戟列東華，金谷筵開辦咄嗟。
雪甕分漿嗤榾柮，霜刀剪韭妒萌芽。
歌喉欲斷從絃續，舞袖能長聽客誇。
贏得狂生無藉在，欲捻書籍問東家。

查慎行〈燕臺雜興次學正劉雨峰原韻十首〉之九

（二）六個第一之外

這一回，寫韋小寶韋大人得未來丈母娘陳圓圓陳姑娘的召喚，到三聖庵聽那「圓圓曲、方方歌」，天下第一美人歌喉當然了不得，原來大家都是出身妓院，更加親切。聽客韋大才子為陳姑娘辯千古不白之冤，因此在丈母娘的心目中，與吳偉業大才子同一個級數。

聽歌還是其次，營救阿珂才是要緊，當下「阿姨」和小寶重組案情，發覺韋大人上了夏國相夏姑爺的大當。

然後古往今來五個第一聚首三聖庵，第一大反賊李自成、第一大漢奸吳三桂、第一大美人陳圓圓、第一武功大高手九難師太、第一小滑頭韋小寶。當中只有九難自稱不敢當，陳圓圓和韋小寶則一個輕笑、一個大笑。

倪匡先生認為應再加第一小說家金庸，湊成六個第一。其實還可以添一個第一大情聖，就是下一回才出場的百勝刀王、美刀王胡逸之，陳姑娘既有緩急，胡大俠必然近在咫尺。這一回李自成的禪杖正要打在吳三桂的頭上，陳姑娘卻用身體來擋，結果李自成在千鈞一髮之際將禪杖打在牆上。如果李自成來不及轉方向，以百勝刀王的身法，一定能夠及時趕上去代陳姑娘受杖。

回目聯句中的上句講陳姑娘唱歌，韋大人不知道甚麼時候完結，出了洋相，這種事情，日常在音樂廳的演奏中經常出現。讀者應從韋大人的失誤中學習，歌喉似是欲斷卻不一定真的斷，還是以那絃是否斷了音作準，那就不怕人家未唱完曲便亂鼓掌那麼失禮。下句用「長袖善舞」的典，小時候不甚明白長袖善舞為甚麼可以用來形容人精於做買賣，原來還有下文叫「多資善賈」，兩句話的流行度大不相同，命運相差實在太遠了。不過真正與故事情節有關的似乎是「聽客誇」三字，在陳阿姨的心目中，韋大才子的誇獎，實在叫人感動。

（三）又是燕臺雜興

查慎行這組詩入選《鹿鼎記》回目最多，原詩作於康熙二十三年甲子（一六八四），詩人時年三十五，韋大人仍在通吃島。

朱門是富貴人家，金谷當指晉代巨富石崇的金谷園，石崇常在園中宴客，不過舊時代富不如貴，石崇的下場十分不妙。榾柮是未經加工的木頭。狂生因為叨了東家的光，才能夠有機會參加如金谷園那樣的豪宴，聽歌看舞。就如胡逸之胡大哥也是叨了韋兄弟的光，方才得聆陳姑娘的仙音，不過龍井茶和蘇式點心則欠奉。

不過我素來喜歡成人之美，因此斷定日後胡大哥還是可以再聽圓圓曲，得到陳姑娘請喝茶吃點心。

補充資料：

陳姑娘的結局

按《鹿鼎記》讀者的理解，陳圓圓陳姑娘在吳三桂老烏龜敗亡之後，理當由「過去式」的「百勝美刀王」胡逸之胡大哥保護隱居。清人筆記則有數種說法，或云死於吳三桂叛清之前；或云吳家敗亡後自殺；或云出家為尼等等。

吳三桂之「衝冠一怒為紅顏」，事在明清之際，即順治老皇爺繼位之時。總計，老皇爺在位十八年，再加「小玄子十二年」老吳造反，前後三十年。即是說韋才子大人聽圓圓曲、方方歌時，陳姑娘丈母娘已是「入伍之年」，三藩之亂打了八年，陳姑娘若在世，已近「登陸之年」了。

第三十三回：誰無痼疾難相笑，各有風流兩不如

（一）我讀楞嚴爾道書

十日齋廚聽粥魚，歸來又續黑甜餘。
誰無痼疾難相笑，各有風流兩不如。
禮斗便應朝絳闕，尋僧何必到匡廬。
從今分辦晨昏課，我讀楞嚴爾道書。

查慎行，〈德尹自妙果山避暑歸五疊魚字韻〉

（二）切磋互勉

這一回，寫韋小寶一行人等從雲南逃到廣西，避過吳三桂三萬大軍截殺，到柳州又有奇遇。趙齊賢等侍衛輸了錢還要勒索賭場，引出瘦頭陀、李西華、胡逸之、吳六奇等人賭牌九的趣事。韋小寶以賭國前輩的身份教導下屬賭場的邪門事，實在發人深省。

瘦頭陀的橫蠻，更勝過御前侍衛，「瘦頭陀式牌九」更是我在金庸茶館常用的「典故」。後來還加入

胖頭陀和陸高軒，眾高手互相牽制，一起中了「一劍無血」馮錫範暗算。然後阿珂又再「謀殺親夫」，好在韋相公的「守護神」好雙兒及時現身救命。接下來胡逸之與馮錫範一場惡鬥，可與《飛狐外傳》中無塵與胡斐在陶然亭畔一戰媲美。

而回目聯句所講，只是講胡逸之、韋小寶對陳圓圓、阿珂母女兩份截然不同的癡情。「誰無痼疾難相笑，各有風流兩不如」，胡逸之的痼疾與韋小寶的痼疾實在大不相同。結拜哥哥「美刀王」二十三年來只對陳姑娘說了三十九句話，陳姑娘卻說了五十五句，相差十六句之多，胡逸之發誓「一生一世決計不會伸一根手指頭兒碰到她一片衣角」；結拜兄弟韋香主可不一樣，發誓「一定要她做老婆」。一個無私奉獻，一個誓要擁有。胡逸之說「咱哥兒倆切磋互勉」，但是所練的功夫大相徑庭，而韋兄弟也沒有效法胡大哥之意。吳六奇心中怪責胡逸之「為老不尊」，實在冤枉，而單憑韋兄弟一面之詞，編派陳姑娘的愛女阿珂是「不孝不貞」的「下賤女子」，更是糊塗透頂！

(三) 各有風流

原詩作於康熙四十年辛巳（一七零一），查詩人時年五十有二。查慎行此時讀佛典，二弟德尹則讀道書，禮斗是道家的儀式，或云可以吸收天地靈氣，按現代的說法是取用宇宙間的能量。

原詩講的「風流」不是說男歡女愛之事，小查詩人借老查詩人的「誰無痼疾」來談情說愛，實在高明。我喜歡成人之美，仍抱有二十年前拙著《話說金庸》的想法，胡逸之胡伯伯（阿珂日後對丈夫結拜哥哥的敬稱）抱了阿珂去見媽媽陳姑娘，為陳姑娘立了大功。日後韋大人的便宜岳父老烏龜吳三桂造反，兵荒馬亂之際，胡伯伯為了保得陳姑娘安全，只好「事急從權」，「摟摟抱抱」在所難免，恐怕想不碰衣角也不行。到時讀者對美刀王也「難相笑」，兩兄弟各有風流，不在話下。

第三十四回：一紙興亡看覆鹿，千年灰劫付冥鴻

（一）又是燕臺雜興

直放江湖日夜東，異時黨論比狂風。
清流禍起名賢盡，甘露謀疏國運終。
一紙興亡看覆鹿，千年灰劫付冥鴻。
時平翻幸吾生晚，不見郊原戰血紅。

查慎行〈燕臺雜興次學正劉雨峰原韻十首〉之五

（二）鹿鼎山下的寶藏

這一回，寫胡逸之去後，陳近南來到廣西，與吳六奇初會，自然要搬出「平生不識陳近南，就稱英雄也枉然」，但對胡逸之來說，陳姑娘的性命更重要，不做英雄也不可惜。吳六奇在江中唱的《桃花扇》是後出，金庸把這曲挪來給吳六奇唱，不知新三版要不要注他一注？

這一回篇幅比較長，在修訂二版超過六十頁，內容比較多。此下是韋香主把八部《四十二章經》內的

碎羊皮獻給男師父兼上司，然後吳六奇與雙兒拜了把子。回到北京之後好雙兒把碎羊皮砌成藏寶圖，帶出令人讀了要發笑噴茶的「呼你媽的山」、「阿媽兒河」。又奉小玄子之命，帶了施琅的水師和南懷仁、湯若望監造的神武大砲去攻打另一個上司「仙福永享」洪教主和夫人，征途中抓到在水中載浮載沉的瘦頭陀，為小島命名為通吃島，最後把神龍島轟成焦土。

這回目聯句的上句借用來說藏寶圖，挖出這個大寶藏既可作為軍費，也掘斷滿族人的龍脈，所以說「一紙興亡」，而寶藏所在地恰好叫「鹿鼎山」。下句自然是借喻神武大砲的威力，把神龍教多年經營的基地轟成飛灰。

（三）不見為幸

原詩作於康熙二十三年甲子（一六八四），查詩人時年三十五，當時三藩之亂已平，台灣鄭家歸降不久。這一組《燕臺雜興》詩，是查大俠選作《鹿鼎記》回目最多的。

原詩沒有甚麼難解，甘露之變發生在唐文宗太和九年（公元八三五年），是中學生也知的常識。最末兩句很有意思，「時平翻幸吾生晚，不見郊原戰血紅」，戰爭是最破壞社會安寧的事，實以不見為幸。

後記：

小查詩人在新三版加了吳六奇介紹《桃花扇》的來歷，可是吳六奇的「本尊」在康熙四年就過身，《鹿鼎記》第二回還未開始。而《桃花扇》卻在康熙三十六年才脫稿，「小玄子」已是四十多歲的中年人。喜歡抓「小查詩人」小辮子的讀者，總有話說。

國森記
二零一二年

第三十五回：曾隨東西南北路，獨結冰霜雨雪緣

（一）一件敝羊裘

中道誰能便棄捐，蒙茸雖敝省裝綿。
曾隨南北東西路，獨結冰霜雨雪緣。
布褐不妨為替代，綈袍何取受哀憐。
敢援齊相狐裘例，尚可隨身十五年。

查慎行〈敝裘二首〉之一

（二）隨行結緣

這一回，寫韋大人又再上了大小老婆少奶奶怡姊姊的當，給男上司仙福永享洪教主暨女上司騷狐狸洪夫人擒住，白龍使韋大人這一段辯詞精采萬分，簡直勝過公堂上的狀師！尋瑕抵隙、環環緊扣，可以作為對簿公堂的訓練。不過洪教主老謀深算，自不會輕易上當，好在小丫頭雙兒夫人立了大功，及時打救了好相公，相公與夫人主僕倆便越逃越遠，作者巧妙地叫溫馴無知的鹿將他們帶到去小桂子日後的「封地」鹿

鼎山！

作者借回目聯句來點出雙兒夫人的重大作用，隨著好相公遠走高飛，曾隨上路，獨結奇緣。韋大人其他妻妾都沒有這個福氣，於是乎日後出征羅剎，也只有雙兒夫人可以隨軍遠征。

（三）一國三公

原詩作於康熙三十三年甲戌（一六九四），出自《敝裘集》，查詩人時年四十有五。詩以敝裘為題，集亦同名。查詩人先前入北京多在春夏，這一次則在仲冬。中國歷法將四時分為孟、仲、季三個月，仲冬之月，即建子之月，包含大雪和冬至兩個節氣，到小寒才交入季冬。

這《敝裘集》的序言中提到「一羊裘已十五年」，就是這敝裘「曾隨東西南北路，獨結冰霜雨雪緣」。小查詩人以敝裘詠雙兒夫人，並無不敬，反而顯出唯雙兒夫人曾與好相公出生入死，因緣最深。

原詩用了「狐裘尨（蒙）茸」的典，那是由羊裘聯想出來。春秋時晉獻公命士蔿兒子重耳和夷吾築城，士蔿為預見他們父子必會兵戎相見，便草率完事。賦詩曰：「狐裘尨茸，一國三公，吾誰適從。」尨茸是毛雜多紛亂的樣子。晉獻公給兩個兒子築城，士蔿認為做成一國之中有多個勢力，是致亂的根源。後人以「狐裘尨茸」、「一國三公」等來形容政出多門，令人無所適從。後來晉獻公殺了太子申生，晉國長期內亂，及至重耳歸國繼位，是為晉文公，才成就霸業。

後記：

「老查詩人」原句「曾隨南北東西路」，平仄是：

平平平仄平平仄

合律。

「小查詩人」改為「曾隨東西南北路」，平仄是：

平平平平平仄仄

不合律。

老查詩人又要笑罵小查詩人胡鬧了！

「齊相狐裘例」，典出《孔子家語．曲禮子貢問》：「晏平仲……一狐裘三十年，賢大夫也。」晏嬰，字仲，謚號平，春秋時齊國名相。老查詩人寫此詩時，羊裘用了十五年，故有第七八兩句。

國森記

第三十六回：犵烏蠻花天萬里，朔雲邊雪路千盤

（一）兄弟連床

迎面蛛絲落幾番，每從遠信報平安。
各驚顏狀他鄉換，一落江湖戢影難。
犵烏蠻花天萬里，朔雲邊雪路千盤。
六年蹤跡連床話，大似羌村夢夜闌。

查慎行〈武林寓樓與德尹夜話〉

（二）巧會固倫長公主

這一回，寫韋小寶為了逃離仙福永享洪教主的魔掌，毅然遠走他方，托庇於滿身是毛的羅剎國「蘇飛霞固倫長公主」裙下。

這一回開場時候，韋小寶大人相公，與日後的雙兒夫人，一同逃命到鹿鼎山下羅剎人築的雅克薩城，便陰差陽錯與金庸筆下放縱不羈的蘇菲亞公主搭上。「頭老子」洪安通空有一身武功，在外國盟友跟前不

敢發作，只好眼巴巴看著叛教的白龍使小孩子大官溜之大吉。

經過五個月的長途旅程，小孩子大官連同心腹侍婢一起去到莫斯科，因緣際會，又成為公主黨的智囊，用江湖上最簡單不過的「投名狀」、「敲竹槓」兩招，幫助外國情人成功奪權。

金庸異想天開，將遠在歐洲的俄國攝政王請來客串，還煞有介事的按他一按：

> （按：俄羅斯火槍手作亂，伊凡、彼得大小沙皇並立，蘇菲亞為女攝政王等事，確為史實。但韋小寶其人參與此事，則俄人以此事不雅，有辱國體，史書中並無記載。其時中國史官以未曾目睹，且蠻方異域之怪事，耳食傳聞，不宜錄之於中華正史，以致此事湮沒。）

回目聯句的上句說的是韋小寶遠赴萬里之外的蠻方。仡解作「壯勇」，中國有一少數民族名「犵狫」，又作「仡佬」，現散居於貴州、湖南、廣西三省。一地的花鳥最能反映自然資源，「仡鳥蠻花」就是韋小寶目睹「天萬里」之外的情狀：

> 其時方當初夏，天氣和暖。獵宮中繁花如錦，百鳥爭鳴，只是羅剎國花卉蟲鳥和中土大異，花色麗而不香，鳥聲怪而不和，韋小寶乃市井鄙夫，於這等分別毫不理會……

金庸不忙貶一貶羅剎國的風物，就似我們漢人對仡佬（犵狫）族同胞的兩種態度。按手頭上的資料，老查詩人說仡鳥，小查詩人卻說犵鳥。

下句則講那經歷冰天雪地的旅程：

……在這冰天雪地之中，似乎腦子也結成了冰。好在他生性快活，無憂無慮……

(三) 另一處仡鳥蠻花

原詩作於康熙二十三年甲子（一六八四），查詩人時年三十有五。讀者對德尹當不陌生，即查慎行的二弟嗣瑮，兄弟多年不見，自然要連床夜話，細補家書不能盡寫的別後事。至於那仡鳥蠻花，則是指中國西南，真的是仡佬族人聚居之地，因為查詩人在三藩之亂的尾聲時，以幕客的身份隨楊建雍到貴州。

第三十七回：轅門誰上平蠻策，朝議先頒諭蜀文

（一）武陵閱武

如茶如火望中分，鼓角鐃鉦一路聞。
黑齒舊疆仍結壘，綠旗別隊自將軍。
轅門誰上平蠻策，朝議先頒諭蜀文。
輸與書生工算弈，疏簾殘局轉斜曛。

查慎行〈人日武陵西郊閱武〉二首之二

（二）預先寫好的上諭

這一回，寫韋小寶先是威風的去神龍島、狼狽的到鹿鼎山之後，又狼狽的去莫斯科、威風的回到北京。這一回，講話多動武少，大殿上廷議撤藩一事，其中明珠的一番話，倒是可以作為讀者在官場、職場打滾的參考。倪匡先生也曾大大稱讚這一番棱模兩可的演說，韋小寶更打算「拜師」：

韋小寶一聽，佩服之極，暗想：「滿朝文武，做官的本事誰也及不上這個傢伙。此人馬屁功夫十

分到家，老子得拜他為師才是。這傢伙日後飛黃騰達，功名富貴不可限量。」

然後小玄子、小桂子君臣「一番做作」、大唱雙簧，原來「最高領導」早已決定了撤藩，正如小桂子後來對皇上說：「只須說一聲『還是撤藩的好』。」

回目聯句就在講此事，「上平蠻策」的正是韋小寶，「先須諭蜀文」則是小皇帝早就寫好、放懷裡的上諭，吩咐巴泰在太和殿上唸出來。金庸自註云：

註：晉時平蠻郡在今雲南曲靖一帶。「諭蜀文」的典故，是漢武帝通西南夷時，派司馬相如先赴巴蜀宣諭，要西南各地官民遵從朝旨。

然後就是慧眼識趙良棟的情節，韋都統大人先前領兵攻打神龍教時，在天津遇上不拍馬屁的大鬍子，是個伏筆。不過修訂二版說趙良棟是「天津衛總兵麾下」的副將，就與官制不合。衛所是明代的制度，清代綠營正二品總兵的「單位」叫鎮，從二品副將的單位是「協」，到了清末袁世凱練新軍，鎮和協的名堂仍然保留，到後來就改成今天大家耳熟能詳的師和旅。因此可以說當時趙良棟略等於旅長。然後由吳應熊，引出張勇、王進寶和孫思克。張趙王孫，合稱河西四將。

（三）武陵平蠻地近西南夷

原詩作於康熙十九庚申（一六八零）的正月初七人日，時間上與這一回還算比較近，在三藩之亂的尾聲。當時查詩人正隨楊雍建赴貴州，武陵是劉備在赤壁之戰後平定的四郡之一，正在入貴州途上。漢時的西南夷即是今天雲南貴州兩省及周邊地區，晉代的平蠻郡也在附近，所以查詩人便用了這個典。

補充資料：

圖海

這一回廷議，《鹿鼎記》讀者普遍把注意力放在明珠身上，難免忽略了圖海，他的全部戲份就只有太和殿上的一番話。

這個圖海倒是做過「撫遠大將軍」！

《欽定八旗通志》收錄了「聖祖仁皇帝御製詩」的《賜撫遠大將軍圖海二首》：

其一

兩朝密勿重元臣，秉鉞登壇西定秦。鐘鼎功名懸日月，丹青事業畫麒麟。

其二

威名萬里作長城，壁壘旌旗壯遠征。綏靖返陲馳露布，凱旋立奏泰階平。

康熙十五年，小玄子命圖海當西線的「總指揮」，張勇、趙良棟、王進寶、孫思克都受這位「撫遠大將軍圖海」節制。

圖海死後，小玄子為他寫了個碑文。官職加贈銜很長：「太子太傅，都統，三等公，議政大臣，吏部尚書，中和殿大學士，佐領，贈少保，仍兼太子太傅。」

第三十八回：縱橫野馬群飛路，跛𡯂風箏一線天

（一）又是《燕臺雜興》

百分一棹過觥船，何限關河載酒前。
投筆生涯經絕域，定巢歸計失驚絃。
縱橫野馬群飛路，跛𡯂風箏一線天。
曾是征南舊賓客，摩挲髀肉也潸然。

〈燕臺雜興次學正劉雨峰原韻十首〉之十

（二）「跛𡯂」父子

這一回，寫韋小寶誤打誤撞，把平西王吳三桂之子額駙吳應熊擒住，還乘機收服了張勇、王進寶和孫思克三將，然後在赴揚州建忠烈祠途中，不從山東直下江蘇，卻改道河南順便收編了王屋派，而早已對「花差花差將軍」萬分敬佩的曾柔也加入天地會青木堂。

回目上句講吳應熊原本打算用王進寶帶來北京的一批滇馬逃亡，下句則算是湊數，回目又再出現「跛

扈」一詞，卻是詠小漢奸的爸爸大漢奸，即第三十回〈鎮將南朝偏跋扈，部兵西楚最輕剽〉，要造反的人，當然「跋扈」。雖然想學斷線風箏飛出天子腳底下的北京，結果卻飛不出那窄窄的一線，功敗垂成。

卻說吳應熊要由北京到天津用海道南下，原本是一條妙計。但是遇上韋小寶要用伯爵府中的馬與王進寶的馬對賽，這一回韋大人的才智，還勝過黃幫主借用兵法老祖宗孫臏「取君上駟，與彼中駟」的遺法（見《神鵰俠侶》第十二回〈英雄大宴〉），用更直截了當的下毒法，給王進寶的馬吃了巴豆。如此這批馬就「縱橫」得不遠，吳應熊的逃亡計劃以失敗告終。至於王屋山一役和借「臥龍弔孝」的戲文，就不能在回目介紹了。張勇、趙良棟、王進寶、孫思克四人，世稱河西四將，在《清史稿》合在一傳，因劇情需要，才把趙良棟調到天津，又把張勇等人調到雲南，這一回才合在一起，金庸亦順便借論馬一事給趙、王二人安排了日後不和的伏筆。後來張勇大敗吳三桂大軍，趙良棟、王進寶直搗西南，都是史實。

（三）鎮南還是征南？

原詩作於康熙二十三年甲子（一六八四），查詩人時年三十有五，韋大人當時應在通吃島。

詩中「投筆生涯」，相信是用班超投筆從戎的典。「髀肉復生」的故事，則是劉備兵敗南附荊州劉表時發生，《三國演義》有介紹。不過劉表是鎮南將軍而不是征南將軍，難道老查詩人一時記錯？

第三十九回：先生樂事行如櫛，小子浮蹤寄若萍。

（一）又見五十韻

……

先生樂事行如櫛，小子浮蹤寄若萍。
局蹐伏轅踰弱歲，衰遲起蟄及春霆。
久知世路殊難聘，屢夢田盧奈未醒。
心賞隨時勤造請，耳提即事發聵瞑。

……

查慎行〈奉送座主大宗伯許公予告歸里五十韻〉節錄

（二）韋小寶大床事件

這一回篇幅特長，有六十多頁，冠於第四冊諸回。

韋欽差奉旨建「種栗子」（小玄子說的忠烈祠），一行來到揚州，韋大人回憶「禪智寺採花受辱」一役，想拔盡寺前芍藥，引出布政使慕天顏講故事、拍馬屁來護花，「王播碧紗籠」是舊聞，巡撫馬佑擬的「韋王簪花」最終都沒有成為事實，然後就是悶壞欽差大人的「陳年宿貨」唱曲。

散席後韋小寶回到麗春院老家，與舊日有宿怨的桑結喇嘛和葛爾丹王子結拜，化敵為兄弟。又與日後六位老婆同床，只建寧公主不在，由她的親生媽媽假太后老婊子毛東珠丈母娘代替。這番床上大混戰，製造出韋虎頭和韋銅鎚兩兄弟。最後為了最不起眼的小妾曾柔「用腳投票」，韋大人忍痛做其「雙料烏龜大人」，放了元配夫人阿珂和大小老婆方怡，又以丈母娘和仙福永享教主夫人，換回新拜把子的兩位兄長。剩下雙兒、沐劍屏和曾柔三個好姑娘。

回目上句，自是說禪智寺的趣聞樂事。欽差大人地位崇高，當敬之為「先生」，櫛是梳子，可以理解為先生深明「花花轎子人抬人」的道理，從善如流，沒有毀掉芍藥花圃，行事圓滑一如用櫛來梳頭髮那麼順暢。至於下句，則在講大人母親眼中的小王八蛋離家流浪，所以是「小子浮蹤寄若萍」，這小浮萍終於回到揚州麗春院的老家。

（三）大宗伯一定很歡喜

這首〈奉送座主大宗伯許公予告歸里五十韻〉作於康熙四十九年（一七一零）庚寅，查詩人時年六十一。

轅是用牲畜來拉的車上面的木，不論用牛、馬、驢，都將牲口縛在車轅上面。這一回提到韋欽差挑行轅，又是轅，倒有點巧合。

聵是耳聾。瞑是閉目。如成語「發聾振聵」、「死不瞑目」。

原禮部尚書許汝霖退休，查詩人表示可以「勤造請」，得同鄉前輩「耳提」面命，就會聵能聽、瞑能視了。許大宗伯讀了這五十韻，一定很歡喜。

第四十回：待兔祇疑株可守，求魚方悔木難緣。

（一）疊韻詩

半生習氣老來捐，熨貼終輸裹鐵綿。
待兔祇疑株可守，求魚方悔木難緣。
偶然鴻爪留還去，果否蛾眉妒是憐。
一種東風消不得，鬢邊霜雪又增年。

查慎行〈再疊前韻示愷功〉

（二）守株待兔、緣木求魚

這一回，寫吳之榮將辛苦得來的「機密軍情」向韋欽差大人報告，豈料韋爵爺竟然是天地會的叛賊，於是一場到手的功名富貴，竟變成了催命符。

這一回是韋香主步師父陳總舵主的後塵，救了顧炎武、呂留良等人一命，讓廣東提督吳六奇那天地會紅旗香主的身份得以繼續保密。原本吳六奇要造反，卻拿吳之榮做了代罪羔羊，說成是他勾結吳三桂造反。中間乘機加插一段與新近拜把子哥哥桑結喇嘛和葛爾丹王子結盟之事。這一回完全沒有打鬥，一味講詩，新三版還增添了鄭所南的詩，修訂二版只收錄他一幅無根的蘭花。

回目聯句由成語守株待兔和緣木求魚化成。吳之榮自動送上門來，竟然是莊家的大仇人，韋欽差之幸運一如野兔自行撞死在農夫跟前。正好做其順水人情，把必然要做的事說得很難為，蒙騙好雙兒：

韋小寶摟著她柔軟的纖腰，心中大樂，尋思：「這等現成人情，每天便做他十個八個，也不嫌多。吳之榮這狗官怎不把阿珂的爹爹也害死了？阿珂若也來求我報仇，讓我摟摟抱抱，豈不是好？」隨即轉念：阿珂的爹爹不是李自成，就是吳三桂，怎能讓吳之榮害死？

雙兒這一回任得好相公摟摟抱抱，等於第一隻兔子，要守株待另一兔（阿珂）實在沒有可能，那是緣木求魚了。

當然也可以說是吳之榮守株待兔、緣木求魚，以為這樣害人可以一而再、再而三。不過主角是韋大人，回目當然說他為主，與吳之榮這狗官也配得上，乃是巧合。

（三）還有前作

原詩作於康熙三十三年甲戌（一六九四），查詩人時年四十有五。詩的內容很淺白，無甚可議，再疊前韻，即是有前一作，茲錄如下：

土牛寒氣漸應捐，猶戀征袍未折綿。
東閣探梅還有信，西堂夢草獨無緣。
春生帝里如相就，老傍侯門越可憐。
南去北來成底事，暗消髀肉是今年。

查慎行〈立春日同愷功侍講作即用敝裘二首韻〉

疊韻詩要求句腳同字，捐同綿、緣、憐、年不變。

這兩首詩都疊先前〈敝裘〉的韻，當中的頷聯「曾隨南北東西路，獨結風霜雨雪緣」，經改動成為第三十五回的回目。

第四十回又：眼中識字如君少，老去知音較昔難

（一）雙胞回目聯句

曾摹一卷岐陽碣，只作西周舊本看。
好古未妨生末世，成名終不藉微官。
眼中識字如君少，老去知音較昔難。
料合中原無敵手，莫教旗鼓更登壇。

查慎行〈贈如皋許嘿公〉

（二）咦咦呀呀

這一回的回目聯句鬧了雙胞胎，新三版已經統一，但是辛苦找來的詩，雖然已「被廢」，也不能浪費掉。

吳之榮以檢舉犯禁書籍起家，這一回劇情需要抄查反詩，自然又要算在吳之榮的頭上。可惜欽差大臣固然不讀詩書，更可怕的竟是叛黨天地會的重要人物，反詩聽不入耳：

韋小寶搖手道：「不用唸了，咦咦呀呀，不知說些什麼東西。」……

然後更橫蠻到硬要將詩句中的「蒲黃」說是「黃臉婆」，那吳之榮真是秀才遇著兵，有理說不清了！

上句就是借詠韋欽差不識字。下句則說吳之榮：

這次吳之榮找到顧炎武、查伊璜等人詩文中的把柄，喜不自勝，以爲天賜福祿，又可連升三級，那知欽差大人竟會說出這番話來。他霎時之間，全身冷汗直淋，心想：「我那椿《明史》案子，是鰲拜大人親手經辦的。鰲拜大人給皇上革職重處，看來皇上的性子確是和鰲拜大人完全不同，這一次可真糟糕之極了。」康熙如何擒拿鰲拜，說來不大光彩，衆大臣揣摩上意，官場中極少有人談及，吳之榮官卑職小，又在外地州縣居官，不知他生平唯一的知音鰲拜大人，便是死於眼前這位韋大人之手，否則的話，更加要魂飛魄散了。

「知音」指鰲拜，鰲拜垮了臺，吳之榮想再覓知音便「較昔難」了。

（三）篆書難明

原詩作於康熙二十八年己巳（一六八九），查詩人時年四十，這一年中俄簽定《尼布楚條約》，兩國以外興安嶺及額爾古納河為界，遠方俄羅斯（書中稱羅剎）的政局亦起了變化，中國小孩大人的甜心「蘇飛霞固倫長公主」失勢，彼得一世親政。作者自註謂這位許嘿公工於篆刻。

第四十一回：漁陽鼓動天方醉，督亢圖窮悔已遲

（一）又是燕臺雜興

千古荊丹事最奇，誰教秦騎竟橫馳。
漁陽鼓動天方醉，督亢圖窮悔已遲。
他日酒徒猶擊筑，向來博道抵爭棋。
無聊尚有酣歌會，不似東方但苦饑。

查慎行〈燕臺雜興次學正劉雨峰原韻十首〉之二

（二）並不貼切

金庸選用這聯句作為第四十一回回目的用意，有注文解釋得清清楚楚：

注：本回回目中，「漁陽鼓動」是安祿山造反的典故，喻吳三桂起兵；「督亢圖窮」是荊軻刺秦王的典故，本書借用，指歸辛樹等誤刺吳六奇，後悔不及，又要去行刺康熙，其實只字面相合，含義並不貼切。

這一回寫韋小寶押解吳之榮去京，先送去莊家做順水人情，卻遇上華山派神拳無敵歸辛樹一家，引出吳六奇被殺的驚人之筆。那麼當韋小寶截住吳之榮，滿以為救了吳六奇一命的時候，這位雪中鐵丐相信已命喪於歸家愚母癡兒之手。又引出「婆婆姊姊」何惕守。

「漁陽鼓動」在《長恨歌》有講：

漁陽鞞鼓動地來，驚破霓裳羽衣曲。
九重城闕煙塵生，千乘萬騎西南行。
翠華搖搖行復止，西出都門百餘里。
六軍不發無奈何，宛轉蛾眉馬前死。

白居易《長恨歌》節錄

安祿山作反，卻先害死與他有曖昧關係的蛾眉楊貴妃，因兵變而在馬嵬坡香銷玉殞。有趣的是下一回的回目頭四個字就是「九重城闕」，不知是否金庸故意安排？

督亢地圖和秦國叛將樊於期的頭顱是荊軻刺秦王計劃中的兩件寶貝，「圖窮匕現」又是荊軻刺秦王的典故。

（三）刺秦

原詩是查詩人作於康熙二十三年甲子（一六八四），詩人時年三十五，韋大人仍在通吃島。擊筑則用高漸離的典，在荊軻刺秦失敗之後，他也去刺秦，同樣失敗，卻叫秦始皇終其餘生不敢接近六國遺民。

補充資料：

吳六奇的官職與謚號

據《皇朝通志》（現常被改稱為《清朝通志》）記載，康熙四年吳六奇死後的正式「官銜」是：「少傅兼太子少傅，左都督，廣東饒平總兵官，贈少師兼太子太師」，謚「順恪」。如果後人在文章中提及他，應該敬稱為「吳順恪」。

按《大清會典》記載，康熙初年的「總兵官」是「差」不是「職」，所以「總兵官」沒有品級，倒是「左都督」在當時是正一品的武官。現時一般教科書介紹清代綠營官制，都說提督是從一品，總兵是正二品，副將是從二品等等，都是乾隆年間的定制。小查詩人寫清代的綠營武官沒有考證得這麼仔細。

第四十二回：九重城闕微茫外，一氣風雲吐納間

（一）冒雨遊香山

曲磴初從鳥道攀，短牆東面抱灣環。
九重城闕微茫外，一氣風雲吐納間。
暝色浮鐘來別寺，秋聲分雨過前山。
紅塵那許高千尺，任放層軒擁翠鬟。

查慎行〈冒雨至香山晚宿來青軒〉

（二）高級作弊

這一回，寫華山派耆宿神拳無敵歸辛樹與天地會用擲骰決定是否入宮行刺小皇帝，結果歸家贏了，韋小寶便故意指使他們攻擊皇太妃的轎子，好讓皇太妃做替死鬼，讓宮中亂作一團，作為對小玄子示警。結果誤打誤撞，轎中死的是瘦頭陀和毛東珠，他們是公主的親生父母，是貨真價實的岳父和丈母娘。回目聯句的上句韋小寶以皇宮中宮殿多而皇帝經常更換就寢地方以防刺客為詞，希望說得歸辛樹不去行刺皇上。

「九重」指帝王的居所，「微茫」則是模糊隱約的意思。

下句說韋小寶擲骰作弊，豈料遇上內力超凡入聖的歸辛樹，竟然可以吹氣來改變戰果：

> 一瞥眼間，只見歸辛樹正對著骰子微微吹氣，便在此時，那骰子停住不轉，大凹洞兒仰面朝天，乃是一點。眾人齊聲大叫。
>
> 韋小寶又是吃驚，又是氣惱，擲骰子作弊的人見過無數，吹氣轉骰子之人卻是第一次遇上，以前也從未聽見過。這老翁內功高強之極，聚氣成線，不但將這粒骰子從六點吹成一點，只怕適才歸鍾擲成三十一點也非全靠運氣，是他老子在旁吹氣相助。

歸辛樹這「一氣吐納」，教「風雲」變色。

（三）初宿來青軒

查詩人作於康熙二十三年甲子（一六八四），詩人時年三十五。兩年後查詩人重遊舊地，寫了〈再宿來青軒〉，當中有第二十九回的回目〈捲幔微風香忽到，瞰床新月雨初妝〉。這首詩先寫，卻用在後面的回目。

看詩的措詞，將雨中投宿寫得好像很兇險，真是「文人多大話」。

第四十三回：身作紅雲長傍日，心隨碧草又迎風

（一）伴駕幸西苑

翰墨林依紫苑東，親承步輦出芳叢。
萬間廣夏移天上，三接深恩沛禁中。
身作紅雲長傍日，心隨碧草又迎風。
直廬便是披香殿，月賜盧慚赤管功。

查慎行〈二月十五日駕幸西苑直廬恭紀〉

（二）伴君如伴虎

這一回，寫小桂子韋香主腳踏兩頭船的事，終於給小玄子皇上識穿了，小皇帝大唸天地會的切口，韋香主竟然胡塗對「韃子皇上」言道：「原來皇上也是我會中兄弟，不知是甚麼堂口？燒的是幾炷香……」。接下來小玄子要小桂子反天地會，擒拿一眾反賊，小桂子為著義氣，竟然抗命違旨。然後歸辛樹一家三口行刺皇帝失敗喪命，小玄子命多隆大哥保護韋兄弟，其實是監視他，不讓他去通風報訊。韋兄

弟不顧義氣，從背後刺了多大哥一刀，與公主一起逃出宮外，還帶領天地會、沐王府、王屋派等人避過十二門大炮猛轟伯爵府的一劫。

金庸在這回之後自註云：

本回回目中，「紅雲傍日」指陪伴帝皇，「心隨碧草」指有遠行之念。小查詩人選這聯句的用意就很明白了，不過回中的內容，卻隱藏有「伴君如伴虎」的意味。

（三）伴駕詩淡然乏味

查詩人原詩作於康熙四十三年（一七零四）甲申，詩人時年五十有五。這首詩其實無甚意境，淡然乏味，相比《鹿鼎記》其他回目聯句的原詩，實在遜色了許多。

後記：

小說情節無所謂合理不合理，只可以講能不能叫讀者心服。小查詩人安排兩次對皇宮的「恐怖襲擊」，沐王府的一次太兒戲，連方怡那樣武功平庸的小女孩都派去當敢死隊，皇宮中還亂成一團。這回出手的是華山派三大高手，反而全程有驚無險。若要代小查詩人辯解，或可以說小玄子親政之後，重用多隆，改革了宮中的宿衛制度，不似鰲拜剛倒台初期那樣「青黃不接」吧。

國森記

第四十四回：人來絕域原拚命、事到傷心每怕真

（一）長長的題目

荊南風雨沉南雪，幾處追隨意最親。
乍喜遠遊依骨肉，卻愁別路沮音塵。
人來絕域原拚命，事到傷心每怕真。
兩地存亡身萬里，一襟啼血隔江濱。

查慎行〈十月二十二日接德尹長沙第二信驚聞三叔父訃音旅中為位而哭悲痛之餘得詩三章〉之一

（二）慘烈的內鬨

這一回，寫神龍教叛徒白龍使韋小寶帶著幾個老婆逃命，給洪教主抓個正著。韋都統大人心想回去小玄子那邊還有生路，但是趙良棟二哥、王進寶三哥和孫思克四哥卻怕皇上「大大生氣」，要砍韋大人的頭，不肯拿韋大人回去覆命，還故意引開追兵。洪教主一行押了韋小寶回神龍島，再定興復大計，為了安

撫眾人，便殺了只會拍馬屁的殷錦。但是洪教主因為要控制剩下來的最後幾個高級幹部老兄弟，最終還是要反臉，又因無意中發現仙福永享洪夫人偷了漢子，給洪教主一塊綠頭巾，竟然要殺盡幾個老兄弟。最後神龍教的老男人死盡死絕，教主夫人腹中塊肉的經手人韋小寶和教主夫人仙福永享。

然後第二部份講鄭克塽暗算陳近南，阿珂則因為也懷了小惡人「師弟」的骨肉而不要鄭公子。

回目聯句的上句講神龍教內鬨，結果教主洪安通、青龍使許雪亭、黃龍使殷錦、赤龍使無根道人、白龍使陸高軒、黑龍使張淡月和胖頭陀七個高人同歸於盡。

下句則有多解，既可以說是洪教主的「憤怒、羞愧、懊悔、傷心、苦楚、憎恨、愛惜、恐懼」的複雜情緒；也可以說是陳近南被鄭克塽暗算；更可以說是韋小寶「內心深處，早已將師父當成了父親」，師父死了，「原來自己終究是個沒父親的野孩子」。

(三) 悼亡詩

查詩人原詩作於康熙二十年辛酉（一六八一），是一組悼亡詩。這一年恰巧是鄭經逝世的一年，馮錫範等人立了鄭克塽繼位。

第四十五回：尚餘截竹為竿手，可有臨淵結網心

（一）臨淵羡魚，不如退而結網

無端枕上豐年夢，果有嘉魚致碧潯。
荷葉解包腴未減，鹽花初臘味尤深。
入關雨後蹄雙躞，粥市朝來尾一金。
射鮒故知同井谷，揚儵豈必盡青林。
每思長夏同垂釣，不比嚴冬試落碪。
塞柳柔條三尺踠，灤河新漲半篙侵。
賞花作賦榮曾預，貫笠披簑力頗任。
躍藻莘莘看得儁，騈頭戢戢快生擒。
烹鮮屢飫天廚饌，配酒兼叨內侍斟。
白首重回成往事，素書頻剖荷佳音。
鮓封倍難分甘厚，鐵化寧愁遠信沈。

長鋏人嗤緱是蒯，直鉤吾敢曲為針。
尚餘截竹為竿手，可有臨淵結網心。
口業不停如宿債，詩題纔到便微吟。
行當召客充柈案，底月呼童溉釜鬵。
饋食例應煩十五，加費還望仗重臨。

查慎行〈院長從口外寄餉灤鯽十二尾雨窗憶舊吟成七言長律十六韻〉

（二）釣魚通吃伯

這一回，寫雙兒用吳六奇贈的火槍（即吳三桂贈給相公的那一柄）殺了大奸細風際中，然後韋小寶逼鄭克塽簽下欠單，終得與七美同居通吃島。然後小玄子終於派人找到小桂子，小桂子不從皇命、不肯去滅了天地會，只好留在通吃島。後來皇帝還派了趙良棟來傳話說：「……凡是好皇帝，總得有個大官釣魚。」後來吳三桂病死、三藩給平定了，歷史上共八年之久，書中沒有點明韋家幾個小孩在這一回完結時有多大的年紀。

回目聯句的上句，借喻大官韋小寶隱居釣魚。下句則是借喻韋小寶羨慕河西四將張勇、趙良棟、王進寶、孫思克有機會大顯身手：

> 韋小寶見他（孫思克）說得眉飛色舞，自己不得躬逢其盛，不由得怏怏不樂，但想四個好朋友都立大功、封大官，又好生代他們歡喜。

（三）十六韻

原詩作於康熙四十九年庚寅（一七一零），查詩人時年六十有一，韋小寶此時亦年過半百。所謂長律十六韻，即是全詩共三十二句，每兩句押韻，即是十六組，首一韻和尾一韻無需對仗，小查詩人借第十三韻來作本回回目。

原詩第四韻上句（射鮒句）作者自云：「《吳都賦》：『雖復臨河而釣鯉，無異射鮒于井谷。』」下句（揚鯈句）註云：「《水經注》：『蘄州廣齊青林湖，鯽魚大者二尺，可止寒熱。』」第八韻（躍藻兩句）註云：「憶癸未六月扈從熱河釣魚事。」即康熙四十二年（一七零三）。第九韻（烹鮮兩句）註云：「憶乙酉丙戌夏秋行宮侍宴事。」即康熙四十四年（一七零五）。最後一韻（饋食兩句）註云：「儀禮：『少牢饋食禮魚用鮒，十有五俎。』今尚欠三，故結語戲及之。」

「臨淵羨魚，不如退而結網。」是很古老的諺語。

《易．井．九二》：「井谷射鮒，甕敝漏。」指用箭向水井中射鮒（鯽魚），卻把汲水用的甕射破了。這個「井谷射鮒」倒有點似回末韋小寶夢中與「四帝、四將、一豬一牛二龍」等大羊牯賭錢贏得太盡，激怒了賭品不好的李逵差不多！

後記：

「院長」指納蘭揆敘，明珠之子，當時兼任「翰林院掌院學士」。老查是翰林，所以敬稱舊日學生為院長。掌院學士這個官職在小玄子的時代是正三品，小玄子的兒子改為從二品，不是全職而是兼職，一般由大學士、尚書兼任。此時揆敘是工部侍郎（正二品）而兼掌院學士。

國森記

補充資料：

風際中官封都司

現時一般教科書談到清代綠營官制，都會依次列出各級官名：提督（從一品，全名是提督軍務總兵官），總兵（正二品，全名是鎮守總兵官），副將（從二品），參將（正三品），遊擊（從三品），都司（正四品），守備（正五品），千總（正六品），把總（正七品）。

韋小寶韋香主是從一品的都統，風際中一個小小的守備，當然差得很遠。清代官場民間一般敬稱提督為「軍門」；總兵管的軍事單位叫鎮，所以敬稱「鎮台」；副將管「協」；參將管「營」。到了清末訓練新軍，就有所謂鎮和協，後來鎮改稱師（對應英語的division），協改稱旅（brigade），都司是綠營第六級軍官，當然是芝麻綠豆的小官一名。

清代綠營的官名許多都沿用明代已有的，《明史．職官志》云：「總兵官、副總兵、參將、遊擊將軍、守備、把總，無品級，無定員。」明代的總兵已是最高級的實戰指揮官，所以小查詩人寫《袁崇煥評傳》時，讀者見到總兵以上，就是最高級、略等於今天總司令的「經略」那些官員。小查詩人在《笑傲江湖》安排令狐沖拿了吳天德的文書，由游擊升為參將，衡山派的劉正風也是買了個參將來當。清代的參將沒甚麼，明代的參將卻是一省帶兵軍官的頭幾名。明代總兵官系統下面，沒有「都司」這個官職。

明代的「都司」是另一回事。中央有「五軍都督府」，依次為中、左、右、前、後，長官是左都督、右都督，都是正一品。地方則有「都指揮使司」，簡稱「都司」，長官是都指揮使（正二品）。所以說，明代的「都司」是地方最高級的軍事衙門，清代的「都司」卻是綠營的中下級軍官。

清帝沒有親外孫

這一回韋家添了三個寶寶，公主生了個女孩，取名雙雙。

且看《清稗類鈔．宮闈類》的〈皇子皇女之起居〉：「皇子生，無論嫡庶，甫墮地，即有保母持付乳媼手。……至十六或十八而婚。如父皇在位，則居青宮，俗呼之曰阿哥所；如父皇崩，即與其生母福晉分府而居焉，母為后則否。皇女於其母，較皇子尤疏，自墮地至下嫁，僅與生母數十面。其下嫁也，賜府第，不與舅姑同居，舅姑且以見帝禮謁其媳。駙馬居府中外舍，公主不宣召，不得共枕席。每宣召一次，公主及駙馬必出費，始得相聚，其權皆在保母，即管家婆是也；否則必多方阻之，責以無恥，雖入宮見母，亦不敢訴，即言亦不聽。故國朝公主無生子者，有亦駙馬側室所出。若公主先駙馬死，則駙馬當出府，房屋器用衣飾悉入官。」

廣府俗諺有謂：「皇帝女，唔憂嫁。」即是說生為公主，不愁嫁得不好。但清代公主過的卻是非人生活。由降生到出嫁，「與生母數十面」；嫁後還要付錢給保母，才可以跟駙馬相聚同房。結果是「國朝公主無生子者」！那麼自順治老皇爺以下，入關諸帝都不能抱抱親外孫！福薄至此。

真正的建寧公主，是小玄子的姑姑，順治年間下嫁吳應熊，與駙馬感情甚佳，可能上述的不人道禮制還未成例。所謂「國朝公主無生子者」，這位建寧大長公主可能是個例外。

如果韋家奉公守法，日後韋春芳就得「以見帝禮謁」公主娘娘了！

小玄子詩賜孫四哥

張勇、趙良棟、王進寶、孫思克，世稱「河西四將」，在《清史稿》合為一傳，小查詩人拿他們跟韋小寶拜把子。他們的排名次序，應該跟最後封爵有關，張大哥是一等靖逆侯，趙二哥是一等伯，王三哥是一等子，孫四哥是一等男。四人都做到提督，但趙二哥還當過雲貴總督，文官武官都做過。

論資格和「戶籍」，卻是孫四哥最親。張大哥本是明將，在順治老皇爺的時代降清，王三哥是他的老部下。趙二哥卻是張大哥舉薦由天津總兵升為寧夏提督。孫四哥是漢軍正白旗人，他老爸孫得功投降清太祖（皇太極的老爸、順治老皇爺的爺爺、小玄子的曾祖）。

《欽定八旗通志》載有小玄子一首《賜將軍孫思克》：

天討恭行日，軍威戰捷時。

列營張犄角，搤吭有偏師。
立見窮追盡，能承節制奇。
鷹揚資遠略，宿望在西陲。

其他三個哥哥有沒有收過小玄子的詩？待考。

孫四哥的地位，跟三位哥哥不同，他後來還跟小玄子對了親家。小玄子第十四女和碩愨靖公主下嫁孫四哥的第二子孫承運。不過孫四哥死得早，看不到兒子當額駙，也就不用跟公主娘娘兒媳婦叩頭請安。

第四十六回：千里帆檣來域外，九霄風雨過城頭

（一）神仙詩

跨鯉人遙片碣留，居僧指點說丹丘。
平生不信神仙術，垂老宜為寂寞遊。
千里帆檣來域外，九霄風雨過城頭。
劇憐野色亭西路，好景多歸萬歲樓。

查慎行〈九仙山平遠臺〉

（二）駐兵釣魚台？

這一回，寫釣魚伯韋小寶重獲皇上重用，離開通吃島。先是韋伯爵夢中給砲聲驚醒，原來老部下施琅平定台灣，領了剛立大功的水師、坐台灣鄭家有日月標記的戰船（千里帆檣）來通吃島揚威耀武。「域外」指通吃島。釣魚侯（舉薦提拔有功而升官）韋小寶用言語逼迫，得以與間接害死師父的「施漢奸」赴台。臨走前，因莊家離島而改名為釣魚島：

至於這釣魚島是否就是後世的釣魚臺島，可惜史籍無從稽考。若能在島上找得韋小寶的遺跡，當

知在康熙初年，該島即曾由國人長期居住，且曾派兵五百駐紮。

回目聯句的下句，則講述鄭成功驅逐佔領台灣的荷蘭人，由林興珠、洪朝做「說書先生」：

洪朝道：「是，那天大風大雨，我軍各處土壘的大砲一齊猛轟，打壞了城牆一角，城東城西的碉堡也給打破了。……

總結這一回完全沒有武打場面，所以《鹿鼎記》部份章節真的似歷史小說多於武俠小說。講鄭成功、施琅兩次攻台，一詳一簡，可見作者的功力。這回的結尾實在教壞人：

韋小寶帶了妻子兒女，命夫役抬了在臺灣的「請命財」，兩袖金風，上船北行。……

……韋小寶上船之際，兩名耆老脫下他的靴子，高高捧起，說是留為去思。這「脫靴」之禮，本是地方官為官清正，百姓愛戴，才有此儀節。韋小寶這「贓官」居然也享此殊榮，非但前無古人，恐怕也是後無來者了。……

（三）寂寞否？

原詩作於康熙五十四年乙未（一七一五），查詩人時年六十有六。這首詩原來講神仙，回目聯句不是寫境，乃是寫意。這時歸隱的「和碩額駙」韋公爺也年近花甲，他老人家有七個老婆之多，不知能否如此長命。「垂老宜為寂寞遊」，不知用在韋公爺身上是否合適？

第四十七回：雲點旌旗秋出塞，風傳鼓角夜臨關

（一）天山坐鎮圖

按圖舊識西陲遠，入畫今看使節閒。
雲點旌旗秋出塞，風傳鼓角夜臨關。
地連張掖燉煌界，人在輕裘緩帶間。
一片孤城歸坐鎮，不煩三箭定天山。

查慎行〈題天山坐鎮圖送胡洛思僉事備兵肅州〉

（二）佳句配福將

《鹿鼎記》回目聯句之中，最喜歡第四十七、八兩回，詠大清鹿鼎公韋小寶率兵北伐立功，挫敗羅剎國的軍威：

不一日，大軍出山海關，北赴遼東。這是韋小寶舊遊之地，只是當年和雙兒在森林中捕鹿為食，東躲西藏，狼狽不堪，那有今日出關北征的威風？

其時秋高氣爽，晴空萬里，大軍漸行漸北，朔風日勁。……

金庸用這聯講大軍出征的威勢，對仗工整，氣勢雄壯。風從虎、雲從龍，大軍龍行虎步，主帥下令點旗傳鼓，出塞臨關。借用得很好，查慎行以這樣的佳句送給一個小小的胡洛思，實在高帽子太大，受者的頭太過小，辜負了詩人的筆墨。

黑龍江將軍薩布素、都統彭春領兵先後擊敗俄軍，到了《鹿鼎記》都變成了撫遠大將軍一等鹿鼎公的部下，給硬生生的搶了艱苦得來的軍功。

（三）官兒太卑

查慎行這首詩是題在〈天山坐鎮圖〉，甘肅省以甘州和肅州命名，甘州即張掖，肅州即酒泉。武威、張掖、酒泉、敦煌合稱河西四郡，胡洛思要到肅州，所以查詩人說「地連張掖燉煌界」。

「輕裘緩帶」是羊祜的「招牌」，他在軍中慣常不披戰甲，後世這四字用來形容態度閒適從容。金庸在《神鵰俠侶》將楊過和羊祜相提並論，還安排黃蓉帶讀者到「墮淚碑」一遊。

「三箭定天山」用唐高宗時名將薛仁貴的典，他率軍與突厥十餘萬大軍對陣，連發三箭殺敵三人，敵人下馬投降，薛仁貴怕有後患，竟然阬殺降兵。軍中有歌讚曰：「將軍三箭定天山，戰士長歌入漢關。」

這個胡洛思官的官銜是僉事，一般講清代官制的歷史教科書很少提及，因為這些課本都以乾隆中葉以後的定制為準，僉事後來改為道員，道員是正四品的中級官員。

胡洛思官太少，不配用羊祜和薛仁貴的典。

補充資料：

林興珠與福建藤牌兵

清康熙朝中俄多次「武裝衝突」（這是現代用語，即是打起仗來），真的殺敵而不損一兵一卒者，就是林興珠統領的數百員福建籐牌兵。在第一次雅克薩戰役，林興珠率領藤牌兵入江截擊增援俄軍的木筏，令俄軍火器無所作為，大獲全勝。這隊藤牌兵有意外墮馬而死，亦有病死，卻沒有一人死於俄軍之手。小玄子也說：「林侯之功，史冊所未有也！」

林興珠確實本是國姓爺鄭成功的部下，但在順治老皇爺的時代戰敗降清，到吳三桂造反時，又身不由己附從。然後再從老吳那邊降清，在湖南一線的水戰立了大功，小玄子封他為建義侯，爵位就高過趙二哥、王三哥和孫四哥，還入籍漢軍鑲黃旗。施琅還是平定了台灣之後才封三等靖逆侯，所以小查詩人筆下林興珠擔心受施琅報復並不可能發生。

林興珠不單止在兩次雅克薩戰役大敗俄兵，後來還參加了小玄子討伐小桂子拜把子二哥噶爾丹的戰事，他率領的福建藤牌兵又立戰功，打敗了噶爾丹二哥的駱駝陣。

林興珠和福建藤牌兵後來怎樣？

正史無載。有台灣論者（此君明顯有台獨思想）說林興珠和台灣藤牌兵不得回鄉，都被清人害死了。此說有語病，藤牌兵該不是台灣土著，應是國姓爺鄭成功組建的。林興珠似乎受過軍中滿族同袍妒忌排擠，據民國時代的文獻資料顯示，部份福建藤牌兵移駐黑龍江齊齊哈爾，成為水師營的中堅。林興珠死在北京，建義侯的爵位無人承襲。

第四十八回：都護玉門關不設，將軍銅柱界重標

（一）又再是燕臺雜興

帳殿崔嵬令閬寥，凱歌連歲奏鉦鐃。
雲深雁路朝盤馬，雪點狐裘夜射雕。
都護玉門關不設，將軍銅柱界重標。
職方別載魚龍國，笑指烽煙薄海銷。

查慎行〈燕臺雜興次學正劉雨峰原韻十首〉之七

（二）遊戲文章

這一回，續寫韋小寶率軍遠征羅刹軍大獲全勝，此下與俄使費要多羅談判。在金庸筆下，上一回韋公爺先搶了屬下的戰功，這一回再搶了索額圖索大哥「首席談判代表」的地位。

金庸在這一回之後有「注」解釋回目聯。上句的「都護」是漢代官名，「玉門」指玉門關，「關不設」指玉門關已不是邊防前線，關卡等於不必再設。下句用東漢馬援征交趾的典，用銅柱重行標誌國界。

新三版還加了幾句：

注：……韋小寶尼布楚訂約的一節，乃遊戲文章，年輕讀者不可信以為真。

這樣的新補充應該是避免前面的遊戲文章被人當真：

按：條約上韋小寶之簽字怪不可辨，後世史家只識得索額圖和費要多羅、而考古學家如郭沫若之流僅識甲骨文字，不識尼布楚條約上所簽之「小」字，致令韋小寶大名湮沒。後世史籍皆稱簽尼布楚條約者爲索額圖及費要多羅。古往今來，知世上曾有韋小寶其人者，惟《鹿鼎記》之讀者而已。本書記敘尼布楚條約之簽訂及內容，除涉及韋小寶者系補充史書之遺漏之外，其餘皆根據歷史記載。

這樣一「注」一「按」便格格不入，按遠勝於注了。

（三）盤馬不射雕

原詩作於康熙二十三年甲子（一六八四），查詩人時年三十有五。本詩第六字「䦆」為冷僻字，客寓無字書，不知何解。

韋大人「盤馬」是有的，「狐裘」也是有的，更與雙兒夫人「一室皆春」，只可惜不會「射雕」，未盡合詩意。

補記：

或謂「闃」為「闃」字誤書。「闃」，解作寂靜、空虛。《易．豐．上六》：「豐其屋，蔀其家，闚其戶，闃其無人，三歲不覿，凶。」此說融通。

國森記

補充資料：

談判代表都是外戚

中國簽訂《尼布楚條約》的全權代表是索額圖索大哥，時任領侍衛內大臣，小玄子的第一個皇后是索大哥的姪女。索大哥的副手是佟國綱，佟國綱時任漢軍都統，他的妹妹是小玄子的生母，小玄子叫他舅舅。兩人都是侍衛出身，又是外戚。

至於《鹿鼎記》讀者認識的首席談判代表韋小寶，亦是侍衛出身，又是小玄子的妹夫，也是外戚。

第四十九回：好官氣色車裘壯，獨客心情故舊疑。

（一）留別贈別

綠鬢西風幾遍吹，許巢貧過少年時。
好官氣色車裘壯，獨客心情故舊疑。
近月江雲偏絢采，未霜淮柳尚搖絲。
名場此日誰高步，消得樊川贈別詩。

查慎行〈留別朱日觀、祝豹臣、朱與三、陳寄齋、王南屏、家西𡩋叔、韜荒兄、眉山姪二首〉

（二）好官故舊疑

這一回，寫韋公爺凱旋歸來，加官晉爵，卻遇上茅十八誤會他賣師求榮當街痛罵，小玄子更要小桂子負責監斬茅十八，結果模仿「法場換子」、「搜孤救孤」，不過卻是請「一劍無血」馮錫範來做替死鬼。然後給天地會的老兄弟找上了，好在雙兒做證人，讓大家相信韋香主沒有戕師。

回目上句借詠韋小寶升官，氣色自然好得不得了，做大官又少不得「肥馬輕裘」，車裘壯自然是好官了。下句寫皇上給他多一份功勞，就是「擒斬天地會逆首陳近南」，小玄子把鄭克塽的功給韋小寶領了，於是天地會韋香主變了「忘恩負義的狗賊」，友好故舊如茅十八和天地會的舊部都要懷疑他做了漢奸。

新三版這一回開頭補了韋小寶正式繼承吳應熊額駙的身份地位，回末加了附註，說康熙保護鄭克塽、馮錫範周全，韋小寶欺壓二人的情節並非事實，有點「憂讒畏譏」。

（三）樊川詩

原詩作於康熙二十二年癸亥（一六八三），查詩人時年三十四，小玄子也在這年平定台灣鄭家。

第二句的許巢指許由和巢父。相傳帝堯要讓位給許由，許由不單不肯，還說聽過這話要洗耳，不是「洗耳恭聽」，而是洗去污垢。巢父也是帝堯時代的高士。第八句的樊川是唐代詩人杜牧的別號，他寫過許多贈別詩，最出名的兩首是：

娉娉裊裊十三餘，豆蔻梢頭二月初。
春風十里揚州路，卷上珠簾總不如。
多情卻似總無情，唯覺尊前笑不成。
蠟燭有心還惜別，替人垂淚到天明。

「十三餘」是未成年少女，「豆蔻年華」在今天招惹不得。

補充資料：

佐領

八旗制度下的佐領，可以有兩個解。

一是武官名，驍騎營的長官依次為都統（從一品）、副都統（正二品）、參領（正三品）、副參領（正四品）、佐領（正四品）等官。

一是管理單位名，早在清太祖努爾哈赤時代，就以每三百人編一個「牛彔」，設牛彔額真。牛彔是滿語，解作箭。牛彔額真即是「一箭之主」。

到了順治老皇爺的時代，牛彔和牛彔額真都選用漢字「佐領」。簡而言之，一旗有都統一人、副都統兩人。參領若干，每一參領管數個至十數個佐領，佐領是基本的管理單位。

《清史稿．職官志》：「佐領掌稽所治戶口田宅兵籍，歲時頒其教戒。」

「管理單位的佐領」卻不一定由「武官的佐領」去管，管理人可以是王公大臣，也可以是中下級官員或閒散人員。

俄羅斯佐領

小查詩人在這一回介紹了「俄羅斯佐領」，內容跟《欽定八旗通志》有開闔，茲錄〈鑲黃旗滿洲佐領〉供《鹿鼎記》讀者參考，以增趣味：

「第四參領第十七佐領，係康熙二十二年將尼布綽等地方取來鄂羅斯三十一人及順治五年來歸之鄂羅斯伍朗各里、康熙七年來歸之鄂羅斯伊番等編為半個佐領，即以伍朗各里管理。後二次又取來鄂羅斯七十人，遂編為整佐領。伍朗各里故，以其子羅多琿管理。……」

文中的「尼布綽」、「鄂羅斯」即是「尼布楚」、「俄羅斯」的別譯，事實上康熙朝中俄戰事始於康熙二十二年。這一回得俄羅斯降人三十一人，再加三十多年前仍是順治老皇爺時代已來華的伍朗各里，方才編成佐領。伍朗各里的兒子羅多琿極可能是中俄混血兒。後來負責管理這個佐領的官員先後有：大學士馬齊，公阿靈阿，馬齊（二次），尚書德明，大學士尹泰，哈達哈，侍郎書山，副都統伯富亮，副都統富景，都統廣成，都統伯富亮（二次），和碩額駙福隆安，公魁林，豐伸濟倫等。

福隆安是福康安的哥哥，在金庸小說中沒有露過面。豐伸濟倫則是福隆安之子。《欽定八旗通志》只記載到乾隆朝，所以只能抄到這裡。

鄭克塽隸旗籍

《清史稿．鄭成功傳》：「上授克塽公爵，隸漢軍正紅旗，國軒、錫範皆伯爵。」即是說鄭氏降清之後，鄭克塽、劉國軒、馮錫範等都入了旗籍。不過《清史稿》所記不全面。

《欽定八旗通志．旗分志》的〈正紅旗漢軍佐領〉：「第五參領第一佐領，原係鄭克塽於康熙二十二年，自福建臺灣投誠。三十二年，編設一佐領，分隸正黃旗，以公品級鄭克塽之弟四品官鄭克舉管理。鄭克舉緣事革退，以鄭克塽管理。……」

《鹿鼎記》安排韋小寶隸正黃旗，如果他不開小差，日後會跟鄭克塽同旗，成為自己人。

另外小玄子亦讓劉國軒管理一個佐領，隸鑲黃旗。他們這類是「勳舊佐領」，管理人世襲。後來因為鄭、劉兩個佐領人丁日稀，都縮編為半個佐領。雍正年間，因為原劉國軒的半個佐領沒有人繼承，便與鄭家的半個佐領合併，交由鄭克塽之子鄭安康管理。又因為最終撥入正紅旗，《清史稿》查證未詳，說法有誤，應該說終小玄子之世，鄭家都在上三旗。

第五十回：鶚立雲端原矯矯，鴻飛天外又冥冥

（一）奉送歸里

六卿予告吾鄉少，此舉公今冠海寧。
秩領春官大宗伯，光分南極老人星。
……
鶚立雲端原矯矯，鴻飛天外又冥冥。
……
無蹟可求羚挂角，忘機相對鶴梳翎。
……
先生樂事行如櫛，小子浮蹤寄若萍。
……
華髮門生歸有約，相期壽考領椒馨。

查慎行〈奉送座主大宗伯許公予告歸里五十韻〉

（二）伴君如伴虎

《鹿鼎記》最後一回，寫大清撫遠大將軍鹿鼎公韋小寶急流勇退，再一次不通知舊師父小玄子便詐死開小差辭官不幹，不必再伴君。

韋小寶腳踏兩頭船，一方面吃大清的祿米，一方面仍然掛著天地會青木堂堂主的空銜，給皇帝一言驚醒夢中人，將馮錫範的一樁貨真價實的「無頭公案」了結之後，便南下回揚州探望母親。因為顧炎武幾個讀書人要他做皇帝，天地會的老兄弟又要他交代，便詐死了事。

拿著貪墨得來的鉅款遠走高飛，便應了回目聯句，在等於雲端天外，比起「腰纏十萬貫，騎鶴上揚州」更加快活，只是須得歸隱避世，不可以似往日那麼風光。

天地會的老者對韋小寶說：「韋香主，你回家去問你娘，你老子是漢人還是滿人。為人不可忘了自己的祖宗。」問出來的結果是漢滿蒙回藏都有可能，於是乎韋小寶有大條道理不能反清，才可以「鶚立雲端、鴻飛冥冥」。

（三）大功告成

原詩康熙四十九年庚寅（一七一零），查慎行時年六十一。

最後一回是這首詩第三次出現，先前第四回、第三十九回都引用過。小查詩人借用老祖宗奉賀禮部尚書許汝霖榮休的詩來給韋公爺，實在十分合適。當然韋公爺的官比許汝霖大，不過人家是榮休，韋公爺是詐死，不夠熱鬧。

介紹《鹿鼎記》回目聯句終於大功告成，韋小寶此後不必再看小玄子的面色做人。

附錄：

一：揚州田家女

（一）荊釵布裙

淮山浮遠翠，淮水漾深淥。
倒影入樓臺，滿欄花撲撲。
誰知闤闠外，依舊有蘆屋。
時見淡妝人，青裙曳長幅。

查慎行〈清江浦〉

（二）陳年宿貨唱新作

這一首詩是「新進詩人」查慎行所作，在《鹿鼎記》第三十九回〈先生樂事行如櫛，小子行蹤寄若萍〉由「陳年宿貨」唱出來。

這段文字寫揚州知府吳之榮挖空心思妄想拍欽差韋大人的馬屁，結果碰盡了釘子，金庸下筆幽默佻皮，由「涼棚放燄口」、到「黃布比沙龍」、到「四相簪花宴」、到「韋王簪花」、到歌妓「陳年宿貨」、到點唱「十八摸」，讀到「笑點」，處處令人噴茶。

韋欽差口中的「陳年宿貨」乃是指前兩個三十來歲的歌妓年紀太老，吳之榮不知韋欽差目不識丁，誤以為是指唐人杜牧、宋人秦觀。於是便鬧出更大笑話，第三個出場的歌妓四十來歲，唱新進詩人的作品。

這首詩共二十個字，當中「闤闠」兩字是生平首次見到，相信今後也難有機會再見，亦一定不會學以致用。闤闠即是市場。

（三）無福聽這曲子

清江浦在今天江蘇淮安，淮安鄰近揚州，巡撫馬佑聽得出韋欽差有淮揚口音，大拍馬屁。因話提話，淮揚菜又名蘇菜，是中國四大菜系之一，其餘三個是粵菜、川菜和魯菜。金庸只說：「揚州的筵席十分考究繁富，單是酒席之前的茶果細點，便有數十種之多……。」至於這頓在禪智寺芍藥花圃前的飯，究竟有甚麼吃，卻沒有提及。

查慎行在康熙二十七年作這一首詩，時年三十九。這一年查慎行的岳父陸嘉淑有病，查慎行護送他回鄉，路經清江浦時便作了這詩，陸嘉淑在下一年病逝。

康熙二十年平定三藩之亂，張勇死在康熙二十三年，王進寶死在二十四年，他二人可沒有這麼長命可以聽得到慕天顏讚為「荊釵布裙，不掩國色天香。」的「三好」（詩好、曲子好、琵琶好）。

趙良棟死在康熙三十七年，孫思克死在三十九年。慕天顏則死在三十五年。

至於給金庸評為「庸庸碌碌」、「脾氣暴躁」的馬佑（見回目鬧了雙胞的第四十回），卻是經過金庸做了手腳。原來當時的江寧巡撫（不是書中的江蘇巡撫）名叫瑪祜，姓哲柏氏，是滿洲鑲紅旗人。瑪祜是個能吏，在「韋王簪花宴」中的重要官員，以他死得最早，在康熙十五年三藩之亂初期便死在任上。

二：如此冰霜如此路

（一）江蘇寶應射陽湖

射陽湖畔偶停船，卻望前遊意惘然。
如此冰霜如此路，七旬以外兩同年。

查慎行〈過寶應示章綺堂同年〉

（二）七句以外兩同年

金庸在《鹿鼎記》第一回後的註講解他選用老祖宗詩集中聯句做回目的情況，還順道介紹了「原始版」的第一回的回目：

本書初在「明報」發表時，第一回稱為「楔子」，回目是查慎行的一句詩「如此冰霜如此路」。……查慎行和嗣瑮因受胞弟文字獄之累，都於嚴冬奉旨全家自故鄉赴京投獄。當時受到牽連的還有不少名士，查慎行在投獄途中寫詩贈給一位同科中進士的難友，有兩句是：「如此冰霜如此路，七句以外兩同年。」

章綺堂就是金庸講的「難友」，至於「兩同年」卻不是指查章二人，詩人在「卻望前遊意惘然」這一句加註云：「憶王樓村同年」，所以「兩同年」是章綺堂和王樓村。

這首詩寫在雍正四年丙午（一七二六），查慎行時年七十七，韋公爺如果還未去見「仙福永享洪教主」，已經超過七十歲了。這一年十一月查慎行因三弟查嗣庭一案，以「家長失教」的罪名，要入京到刑部投獄。當時的情況，或與《鹿鼎記》開場時差不多：

北風如刀，滿地冰霜。

江南近海濱的一條大路上，一隊清兵手執刀槍，押著七輛囚車，衝風冒寒，向北而行。

查嗣庭比兄長年輕十多歲，犯案時已經年逾花甲，老頭兒弟弟犯事可以牽連到更老的兄長，「長兄為父」甚麼的，可不好玩！結果雍正放查慎行一馬，給他回鄉，不久去世，時在雍正五年。

（三）金書中的寶應

金庸在報上連載小說的時候，回目不甚講究，到了七十年代出修訂二版決定選用《敬業堂詩集》中的聯句，這個「如此冰霜如此路，七旬以外兩同年」不是聯句，只好放棄。

射陽湖在江蘇省，書上說在淮安、寶應、鹽城三地之間，所以查慎行過寶應時正好停船在射陽湖。射陽湖畔有查慎行與章王兩位同年「前遊」的「集體記憶」，行年七十有七的老人，遇上這樣的大禍，前路茫茫，如此冰霜，豈能不「惘然」不知所措？

今天江蘇有射陽縣，卻在射陽河的下游，是民國時期增置的，查慎行、韋小寶的時代未有。不知韋公爺在泗陽集詐死之後（見第五十回〈鶚立雲端原矯矯，鴻飛天外又冥冥〉），會不會路經射陽湖？不知今天射陽湖還在否，過射陽縣怕是不能停船射陽湖畔罷？

寶應是《射鵰英雄傳》中全真教孫不二仙姑門下程遙迦程大小姐的家鄉，讀者當記得祠堂中一戰，洪七公就地教郭靖學完降龍十八掌最後的三掌。

三、丞相魚魚工擁笏、將軍躍躍儼登壇

（一）大清軍威

賺得兒童仰面看，彩纓袨服最無端。
國門他日生懸價，馹儈何人敢責官。
丞相魚魚工擁笏，將軍躍躍儼登壇。
星奴結柳翻多事，五鬼爭彈貢禹冠。

查慎行〈門神詩戲同實君愷功作四首〉之一

（二）關雲之長、諸葛之亮

金庸借查慎行這個聯句來詠大清鹿鼎公韋小寶領兵北征羅剎入侵軍的威風：

眾大臣眼見韋小寶身穿戎裝，嬉皮笑臉，那裡有半分大軍統帥的威武模樣？素知此人不學無術，是個市井無賴，領兵出征，多半要壞了大事，損辱國家體面，但知康熙對他寵幸，又有誰敢進諫半句？不少王公大臣滿臉堆歡，心下暗歎。正是：

丞相魚魚工擁笏　將軍躍躍儼登壇

這裡純用眾大臣的眼界瞎猜，但是酒囊飯袋又怎知這許多軍國機密大事？韋公爺文韜武略，有出將入相之才：

清軍列隊已定，後山大炮開了三炮，絲竹悠揚聲中，兩面大旗招展而出，左面大旗上寫著「撫遠大將軍韋」，右面大旗上寫著「大清鹿鼎公韋」，數百名砍刀手擁著一位少年將軍騎馬而出。這位將軍頭戴紅頂子，身穿黃馬掛，眉花眼笑，賊忒兮兮，左手輕搖羽扇，宛若諸葛之亮，右手倒拖大刀，儼然關雲之長，正乃韋公小寶是也。

他縱馬出隊，「哈哈哈」，仰天大笑三聲，學足了戲文中曹操的模樣，只可惜旁邊少了個湊趣的，沒人問一句：「將軍為何發笑？」

韋公爺的排場果然惹笑，不過成者為王，敗者為寇，那也沒有甚麼辦法。沒人湊趣也好，否則像《華容道》戲文中，一笑笑出個趙子龍、再笑笑出個張翼德、三笑笑出個關雲之長就要糟糕了！

只不知韋公爺倒拖的大刀，會不會像馮參將的寶貝「空心大關刀」那樣（見《碧血劍》第十二回〈王母桃中藥，頭陀席上珍〉）。

總之，丞相對將軍、魚魚對躍躍、儼對工、擁笏對登壇，工整之至。

（三）送窮無術

查慎行這首詩作於康熙三十二年癸酉（一六九三），時年四十四。

實君是唐孫華（一六三二——一七二三）。愷功是揆敘（一六七四——一七一七），明珠之子，在韋公爺面前低了一輩，他做過二等侍衛，說不定跟過韋大人辦事。兩人都死得比查慎行早，唐孫華晚年得享清福。揆敘則大大的得罪了小玄子的繼承人，他有幸早死，不必給日後的雍正帝治罪清算。

影與纓都是彩帶，袨是黑色衣服。清制官員的官服以黑為主色。

駔從馬，解作駿馬或賣馬人。駔儈則是販賣馬匹的中介人，亦泛指介紹買賣的商人。小玄子在位的時候賣官不多，到了他的孫子乾隆帝時才賣得多，後代子孫更越賣越狠。

魚魚即魚貫，用《易．剝》的典故：「六五，貫魚以宮人寵，無不利。」魚貫就是一條條魚給穿起來似排隊的。這個「剝卦」讀者不會陌生，《倚天屠龍記》回目詩有：「剝極而復參九陽」（第十六回），就是講這個卦。

笏是古代大臣朝見君主時所執的手板，國窮的時候用竹笏，富的時候用玉或象牙。笏也可以用來打奸臣，文天祥〈正氣歌〉有云：「或為擊賊笏，逆豎頭破裂。」即是講唐德宗時忠臣段秀實用象牙笏把逆臣朱泚打個頭破血流的故事。

登壇是古代帝皇任命將帥時的隆重儀式，最出名的是劉邦還是漢王的時候拜韓信為大將的故事。

「星奴結柳」用韓愈〈送窮文〉的典故，他命奴僕阿星用柳枝結成車，草編成船，用來送五隻窮鬼。五鬼分別是智窮、學窮、文窮、命窮和交窮。結果五鬼不肯走，說是為了幫韓愈留「千秋百代之名」。韓愈送窮無術，亦與查慎行相似，只是韓文公的名頭比查詩人高出甚多。

「爭彈貢禹冠」的典故，先前介紹《白馬嘯西風》出過的：「白首相知猶按劍，朱門早達笑彈冠」有講及，不贅論。

補記：

「先前」，指在「金庸茶館」的「詩詞金庸」欄目介紹過。王維原詩《酌酒與裴迪》：

酌酒與君君自寬，人情翻覆似波瀾。
白首相知猶按劍，朱門先達笑彈冠。
草色全經細雨溼，花枝欲動春風寒。
世事浮雲何足問，不如高臥且加餐。

小查詩人引用的「朱門早達笑彈冠」是另一個版本。

國森記

四：萬里煙霜迴綠鬢，十年兵甲誤蒼生。

修訂二版《碧血劍》散場時用了老祖宗查慎行的聯句：

> 萬里煙霜迴綠鬢，
> 十年兵甲誤蒼生。

出自《慎旃集》的〈黔陽元日喜晴〉：

> 曙色晴光一片明，亂峰銜雪照孤城。
> 未吹北笛梅先落，纔及東風柳便輕。
> 萬里煙霜迴綠鬢，十年兵甲誤蒼生。
> 眼前可少豐年兆，野老多時望太平。

這一年是康熙二十一年壬戌（一六八二），三藩亂平，「十年兵甲誤蒼生」就是指這場大戰。貴州省出了名是「天無三日晴，地無三尺平，人無三分銀」（或云人無三兩銀，既是那麼窮，當以「三分」為是），所以查慎行見天晴而喜，賦詩記之。

大亂過後，在雪下得不大（「瑞雪兆豐年」嘛！）的大年初一見曙光初露，詩人感太平有望，於是善祝善禱一番。

聯句本身與原詩詩意都更適合用在《碧血劍》的結局上，只是「望太平」卻要吟去國之行，真乃時代的悲哀！

樂土何在？

樂土何在？